合格対策
Microsoft認定

AZ-900：
Microsoft Azure
Fundamentals

テキスト&問題集

吉田 薫［著］

リックテレコム

●本書刊行後の補足情報

　本書の刊行後、記載内容の補足や更新が必要となった場合、下記に読者フォローアップ資料を掲示する場合があります。必要に応じて参照してください。

http://www.ric.co.jp/book/contents/pdfs/12311_support.pdf

・本書は、2020年1月時点の情報をもとにしています。本書に記載された内容は、将来予告なしに変更されることがあります。あらかじめご了承願います。

・本書の記述は、筆者の見解にもとづいています。

・本書の記載内容にもとづいて行われた作業やその成果物がもたらす影響については、本書の著者、発行人、発行所、その他関係者のいずれも一切の責任を負いませんので、あらかじめご了承願います。

・本書に記載されている会社名、製品名、サービス名は一般に各社の商標または登録商標であり、特にその旨明記がなくても本書は十分にこれらを尊重します。なお、本文中では、™、®マークなどは明記していません。

はじめに

　本書は、Microsoft 認定試験「AZ-900：Microsoft Azure Fundamentals」（以下、AZ-900）の対策書です。「AZ-900」は、クラウドのリーダー的な存在であるマイクロソフトが提供する、クラウドサービス「Microsoft Azure」についての入門レベルの試験です。

　筆者は、日本電気（NEC）の教育センターである NEC マネジメントパートナーに勤務し、NEC をはじめ日本全国のさまざまな企業様向けに、「AZ-900」の試験対策セミナーを実施してまいりました。嬉しいことに、のべ 5,000 名以上の参加があり、参加者の方々から多くのフィードバックを頂くことができました。本書は、そのフィードバックを分析し、実際に試験に出るポイントを中心にわかりづらいと感じる部分や難しいと感じる部分を噛み砕いて解説しています。

　「AZ-900」は、入門レベルの試験であり、実際のクラウド経験を必要としないため、どなたでもチャレンジできます。IT 管理者や IT 開発者などのエンジニアの方だけでなく、営業職の方やソリューションを利用する企業のご担当者、また、これからクラウドの勉強を始めようとしている新入社員の方にも、是非、チャレンジして頂けたらと思います（実際、いくつかの企業様において、新入社員向けに試験対策セミナーを実施させて頂き、多くの方が合格しています）。

　本書の構成は、次のように非常にシンプルです。特に第 2 章から第 5 章までは実際の試験の範囲（スキル）にそのまま合わせているので、効率的に学習することができます。

第 1 章　Microsoft 認定試験と AZ-900 の概要
第 2 章　クラウドの概念
第 3 章　コアな Azure サービス
第 4 章　セキュリティ、プライバシー、コンプライアンス、信用
第 5 章　Azure の料金プランおよびサポート
第 6 章　模擬試験

　繰り返しになりますが、本書は完全な「試験対策本」です。そのため、試験のポイントのみを紹介しています。短時間で学習できるという強みがありますが、Microsoft Azure の体系的な解説やサービスの詳細、操作手順などは割愛しています。Microsoft Azure の基礎から勉強する方法については第 1 章で紹介していますので、参考にしてください。

　「AZ-900」はワールドワイドの認定資格であり、合格する価値のあるものです。是非、本書で勉強して頂き、「AZ-900」の合格を勝ち取ってください。

2020 年 1 月

吉田　薫

目次

はじめに 3

第1章　Microsoft 認定試験と AZ-900 の概要　　9

1.1　Microsoft Azure の認定資格 10

1.2　AZ-900 : Microsoft Azure Fundamentals について 11
　　AZ-900 試験の概要 11
　　AZ-900 試験の出題範囲 12
　　AZ-900 試験の申込み方法 15
　　AZ-900 試験に合格するメリット 16

1.3　AZ-900 試験の問題形式 17

1.4　AZ-900 試験の勉強方法 19

1.5　Microsoft Azure をより深く理解するために 20

第2章　クラウドの概念　　23

2.1　クラウドの概要 24
　　クラウドとは 24
　　Microsoft Azure とは 25

2.2　クラウド環境の種類 26
　　パブリッククラウド 26
　　プライベートクラウド 26
　　ハイブリッドクラウド 27

2.3　クラウドサービスを使うメリットと注意点 29
　　クラウドサービスを使うメリット 29
　　クラウドサービスの注意点 31

2.4　クラウドで提供されるサービス 32

章末問題 34

4

第3章 コアな Azure サービス 41

3.1 Azure アーキテクチャコンポーネント 42
リソース 42
リージョン 42
Azure Resource Manager 43

3.2 コンピュートサービス 46
仮想マシン 46
Azure Marketplace 47
可用性セットと可用性ゾーン 47
仮想マシンスケールセット 50
Azure DevTest Labs 50

3.3 ネットワークサービス 51
仮想ネットワーク 51
仮想ネットワーク同士の接続 51
仮想ネットワークとオンプレミスネットワークの接続 52
サイト間接続の設定手順 53
Azure ExpressRoute 54

3.4 ストレージサービス 55
Azure Storage 55
Azure Storage に格納できるデータの種類 55
BLOB 56
Azure Files 56
ストレージアカウントの種類 56
Azure Storage の冗長性オプション 57

3.5 データベースサービス 58
Azure SQL Database 58
Azure Cosmos DB 59

3.6 Azure で使えるソリューション 60
キャッシュソリューション 60
Azure のデータウェアハウスと
データレイクソリューション 61
Azure のビッグデータ分析ソリューション 61
Azure の AI ソリューション 62
Azure の IoT ソリューション 63

5

Azure のサーバーレスコンピューティングソリューション 64

3.7　Azure 管理ツール 66
Azure ポータル 66
Azure CLI 67
Azure PowerShell 67
Azure Cloud Shell 68
Azure Advisor 69

章末問題 71

第4章 セキュリティ、プライバシー、コンプライアンス、信用　79

4.1　Azure でのネットワーク接続のセキュア化 80
通信データの暗号化 80
サブネットによる分離 80
ネットワークセキュリティグループ（NSG）........................... 81
Application Security Groups（ASG）.................................... 83
Azure Firewall 83
Azure DDoS Protection 84

4.2　コア Azure Identity サービス 85
認証と承認の概念 85
Azure Active Directory（Azure AD）................................... 86
Azure AD Connect 87
Azure マルチファクタ認証 88

4.3　Azure のセキュリティツールと機能 89
Azure Security Center 89
Azure Key Vault 90
Azure AD Identity Protection 91
Azure Information Protection（AIP）................................... 92

4.4　Azure ガバナンス手法 93
ロールベースのアクセスコントロール（RBAC）.................. 93
Azure ポリシー 94
Azure Blueprints 96
ロック 96

4.5 Azure の監視とレポートオプション 98

アクティビティログ 98

Azure サービス正常性 99

Azure Log Analytics 101

4.6 Azure のプライバシー、コンプライアンス、
データ保護基準 103

トラストセンター 103

Azure リージョンの選択 104

章末問題 106

第5章 Azure の料金プランおよびサポート　113

5.1 Azure サブスクリプション 114

Azure サブスクリプション 114

無料試用版サブスクリプション 115

リソースのサブスクリプション間の移動 116

5.2 コストの計画と管理 118

Azure のコスト 118

Azure コスト管理 (Cost Management) 119

5.3 Azure で利用可能なサポートオプション 121

5.4 サービスレベル契約 124

5.5 Azure のサービスライフサイクル 126

章末問題 128

第6章 模擬試験　135

6.1 模擬試験問題 136

6.2 模擬試験問題の解答と解説 150

索引 165

7

第 1 章

Microsoft 認定試験と AZ-900 の概要

Microsoft 認定資格「AZ-900：Microsoft Azure Fundamentals」を取得するには、試験を受験し、合格しなければなりません。ここでは、Microsoft Azure の認定資格の種類、資格取得のメリット、試験の申込み方法や問題形式等を紹介します。

1.1 Microsoft Azureの認定資格

マイクロソフト社では、試験を通じて専門知識を検証する「Microsoft認定資格」を提供しています。この認定資格はワールドワイドで有効です。

Microsoft Azureの認定資格は、役割と難易度に応じて複数用意されています。役割には、「管理者」、「開発者」、「システムアーキテクト（システムの設計を行う人）」の3種類があります。また、難易度は、やさしい順に「基礎」、「アソシエイツ」、「エキスパート」の3段階となっています。

認定資格を取得するには、図1.1-1のように対応する試験を受験し、合格する必要があります。ただし、エキスパートの認定資格である「Azure DevOps Engineer Expert」については、「AZ-104」または「AZ-204」のどちらかの試験に合格し、さらに「AZ-400」に合格する必要があります。また、「Azure Solution Architect Expert」については、「AZ-303」と「AZ-304」の両方の試験に合格する必要があります。

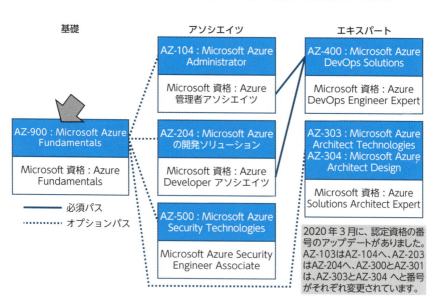

図 1.1-1　Microsoft Azure の認定資格と試験

1.2 AZ-900 : Microsoft Azure Fundamentals について

AZ-900 試験の概要

AZ-900 : Microsoft Azure Fundamentals（以下、**AZ-900**）は、Microsoft Azure の認定試験の中で最も初歩的な試験です。クラウドと Microsoft Azure について、次の4つの基本レベルのスキルが問われます。

表 1.2-1　AZ-900 試験で問われるスキル

スキル	出題の割合
クラウドの概念の理解	15～20%
コアな Azure サービスの理解	30～35%
セキュリティ、プライバシー、コンプライアンス、信用についての理解	25～30%
Azure の料金プランとサポートについての理解	20～25%

本書では、この4つのスキルについて、第2章から第5章で順番に解説していきます。

試験の制限時間は60分です。問題数は通常問題が38問、シナリオ問題（18ページ参照）が6問の計44問程度で、1,000点満点の700点以上で合格となります（2020年1月現在）。オンライン試験のため、その場で合否が判定されます。

第 1 章　Microsoft 認定試験と AZ-900 の概要

AZ-900 試験の出題範囲

　AZ-900 試験の出題範囲は次のとおりです。この出題範囲は、AZ-900 の公式ページより抜粋したものです。公式ページは、英語ページを日本語に機械翻訳したものですが、出題範囲という性格上、本書では基本的にその表記に従って掲載しています。

●クラウドの概念の理解

表 1.2-2　Cloud の概念の理解（AZ-900 の公式ページより抜粋）

Cloud サービスを使うメリットと注意点を説明	・高可用性、スケーラビリティ、弾力性、アジリティ、障害許容性、災害リカバリなどの用語の説明 ・規模の経済の原則の説明 ・Capital Expenditure (CapEx) と Operational Expenditure (OpEx) の違いの説明 ・消費量ベースモデルの説明
サービスとしてのインフラストラクチャ (IaaS)、サービスとしてのプラットフォーム (PaaS)、サービスとしてのソフトウェア (SaaS) の違いの説明	・サービスとしてのインフラストラクチャ (IaaS) を説明 ・サービスとしてのプラットフォーム (PaaS) を説明 ・サービスとしてのソフトウェア (SaaS) を説明 ・3 つの違うサービスタイプを比較、対照する
Public、Private、Hybrid の Cloud モデルの違いを説明	・Public Cloud を説明 ・Private Cloud を説明 ・Hybrid Cloud を説明 ・3 つの違う Cloud モデルを比較、対照する

●コアな Azure サービスの理解

表 1.2-3　コアな Azure サービスを理解（AZ-900 の公式ページより抜粋）

Azure アーキテクチャコンポーネントを説明	・リージョンの説明 ・有効性ゾーンを説明 ・リソースグループを説明 ・Azure Resource Manager を説明 ・Azure アーキテクト的コンポーネントを使用することのメリットを説明
Azure で有効なコアプロダクトのいくつかについて説明	・仮想マシン、仮想マシンスケールセット、App Service Functions、Azure Container Instances(ACI)、Azure Kubernetes Service (AKS) など、Compute で利用可能な製品を説明 ・仮想ネットワーク、ロードバランス、VPN ゲートウェイ、アプリケーションゲートウェイ、コンテンツデリバリネットワークといった、ネットワークのための有効な製品を説明 ・ブロブストレージ、ディスクストレージ、ファイルストレージ、アーカイブストレージなど、ストレージのための有効な製品を説明 ・Cosmos DB、Azure SQL Database、Azure Database for MySQL、Azure Database for PostgreSQL、Azure Database Migration Service などのデータベースで利用可能な製品を説明 ・Azure Marketplace とその使用シナリオを説明

1.2　AZ-900 : Microsoft Azure Fundamentals について

Azureで使えるソリューションのいくつかについて説明	・IoT on Azure で使える IoT Fundamentals、IoT Hub、IoT Central などのモノのインターネット (IoT) と製品についての説明 ・SQL Data Warehouse、HDInsight、Data Lake Analytics といった、ビッグデータと分析に使用できる製品についての説明 ・Azure Machine Learning Service と Studio などの、人工知能 (AI) に使える製品について説明 ・Azure Functions、Logic Apps、App グリッドといったサーバーレスコンピューティングに使える Azure 製品について説明 ・Azure DevOps や Azure DevTest Labs など、Azure で利用可能な DevOps ソリューションの説明 ・Azure ソリューションを使うメリットと成果について説明
Azure 管理ツールについて説明	・Azure Portal、Azure PowerShell、Azure CLI、Cloud Shell などの Azure ツールの説明 ・Azure Advisor について説明

●セキュリティ、プライバシー、コンプライアンス、信用についての理解

表 1.2-4　セキュリティ、プライバシー、コンプライアンス、信用についての理解
（AZ-900 の公式ページより抜粋）

Azure でのネットワーク接続のセキュア化について説明	・Network Security Group (NSG) について説明 ・Application Security Groups (ASG) について説明 ・User Defined Rules (UDR) について説明 ・Azure Firewall について説明 ・Azure DDoS Protection について説明 ・最適な Azure セキュリティソリューションを選ぶ
コアAzure Identity サービスについて説明	・証明書と認証の違いについて説明 ・Azure Active Directory について説明 ・Azure マルチファクタ認証について説明
Azure のセキュリティツールと機能について説明	・Azure Security Center について説明 ・Azure Security センター使用シナリオについて説明 ・Key Vault について説明 ・Azure Information Protection (AIP) について説明 ・Azure Advanced Threat Protection (ATP) について説明
Azure ガバナンス手法について説明	・Azure Policy でのポリシーとイニシアチブについて説明 ・ロールベースのアクセスコントロール (RBAC) について説明 ・Locks について説明 ・Azure Advisor セキュリティアシスタンスについて説明 ・Azure Blueprints について説明
Azure の監視とレポートオプションについて説明	・Azure Monitor について説明 ・Azure Service Health について説明 ・Azure Monitor と Azure Service Health のユースケースとメリットについて説明
Azure のプライバシー、コンプライアンス、データ保護基準について説明	・GDPR、ISO、NIST といった製造コンプライアンス用語について説明 ・Microsoft Privacy Statement について説明 ・信用センターについて説明 ・Service Trust Portal について説明 ・コンプライアンス管理について説明 ・Azure がビジネス上のニーズに対して適用しているかを見極める ・Azure Government クラウドサービスについて説明 ・Azure China クラウドサービスについて説明

13

第 1 章　Microsoft 認定試験と AZ-900 の概要

● Azure の料金プランとサポートについての理解

表 1.2-5　Azure の料金プランとサポートについての理解（AZ-900 の公式ページより抜粋）

Azure サブスクリプションについて説明	・Azure サブスクリプションについて説明 ・アクセス制御やオファータイプなど、Azure サブスクリプションの使用とオプションについて説明 ・管理グループを使用したサブスクリプション管理について説明
コストの計画と管理について説明	・Azure 製品とサービスの購入について説明 ・Azure 無利用アカウント周りのオプションについて説明 ・リソースタイプ、サービス、ロケーション、入出トラフィックといったコストに関連する項目について説明 ・課金目的のゾーンについて説明 ・料金計算について説明 ・所有するトータルコスト（TCO）計算について説明 ・コスト分析の実行、支払上限とクォータの作成、コストの所有者を特定するタグを使用といった Azure コストを最小限にするためのベストプラクティスについて説明。Azure リザベーションの使用。Azure Advisor 推薦の使用。 ・Azure Cost Management について説明
Azure Service Level Agreements (SLAs) について説明	・Service Level Agreement (SLA) について説明 ・複合 SLA について説明 ・アプリケーションに適切な SLA を決定する方法について説明
Azure のサービスライフサイクルについて説明	・パブリックなものとプライベートな Preview 機能について説明 ・一般的可用性（GA）という用語の説明 ・機能の更新と製品の変更を監視する方法について説明

　その他、試験の詳細については、AZ-900 の公式ページ（https://www.microsoft.com/ja-jp/learning/exam-az-900.aspx）で確認してください。

14

1.2 AZ-900：Microsoft Azure Fundamentals について

図 1.2-1　AZ-900 試験の公式ページ

AZ-900 試験の申込み方法

　AZ-900 試験は、マイクロソフト社より委託された Pearson VUE が運営するテストセンターで受験することができます。テストセンターは日本各地にあり、自分の都合のよい場所と時間を指定できます。試験の申込みは、AZ-900 の公式ページ（https://www.microsoft.com/ja-jp/learning/exam-az-900.aspx）から行うことができます。受験料は 12,500 円です（2020 年 1 月現在）。席が空いていれば、申し込んだ翌日に受験することも可能です。

15

第 1 章　Microsoft 認定試験と AZ-900 の概要

AZ-900 試験に合格するメリット

AZ-900 試験に合格すると、全世界で通用する Microsoft 認定資格「**Azure Fundamentals**」を取得でき、Azure に関する専門知識を有していることを証明することができます。

図 1.2-2　Azure Fundamentals のロゴ

また、専用の **Microsoft 認証ダッシュボード**にアクセスできるようになり、次のメリットを享受できます。

- 正式な認定書をダウンロードできます。
- 過去に取得した認定資格をまとめたトランスクリプト（合格証明書）をダウンロードできます。
- 名刺などに印刷可能な公式認定ロゴファイルをダウンロードできます。

図 1.2-3　Microsoft 認証ダッシュボード

1.3 AZ-900 試験の問題形式

　この試験は、コンピューターを操作して、画面に表示される設問に回答していくオンライン試験です。試験は、次の例のように問題文があり、その問題の適切な答えを選択肢から選ぶ**クイズのような形式**となっています。もちろん、試験は日本語で受けることができます。

> **問題：** ある企業は、Microsoft Azure の導入を検討しています。Microsoft Azure を導入する利点は何ですか？
> 以下の選択肢から正しいものを 1 つ選んでください。
>
> **A.** Windows 10 が無料で使用できる
>
> **B.** Windows Server が無料で利用できる
>
> **C.** Office 365 が無料で利用できる
>
> **D.** 初期費用が発生しない

［正解］D

　問題によって、適切な答えを選択肢から1つ選んだり、複数選んだりします。また、選択肢を並べ替える問題などもあり、バラエティに富んでいます。

>> **POINT!**
>
> 選択肢から答えを複数選ぶ問題では、すべて正解しなくても、一部が正解していれば、部分的な加点がもらえる。正しいとわかる選択肢から確実に回答していこう！

　問題の一部は**シナリオ問題**です。シナリオ問題とは、問題文（要件）に対して解決策が提示されており、その解決策が要件を満たしているかを「はい」か「いいえ」で答える問題です。次にその問題例を紹介します。

第 1 章　Microsoft 認定試験と AZ-900 の概要

> **問題：** ある企業は、Microsoft Azure のサポートプランへの加入を検討してい
> ます。サポートプランへの加入により、電話を使った技術的なサポート
> を受けたいと考えています。
> 解決策：DEVELOPER サポートプランに加入する
> この解決策は要件を満たしていますか？
>
> **A.** はい
> **B.** いいえ

［正解］ B

　この問題文に対して、解決策が「BASIC サポートプランに加入する」や
「STANDARD サポートプランに加入する」のように変化し、複数問出題されます。
シナリオ問題の注意点は、一度、次の問題へ進むと、前の問題は非表示となって見
直しもできなくなることです。そのため、1 問 1 問しっかりと考えて回答していく必
要があります。

　問題を最後まで進めていくと、「すぐに終了する」または「問題の見直しをする」
が選択できます。「問題の見直しをする」を選択した場合は、シナリオ問題を除くす
べての問題を見直すことができます。「すぐに終了する」を選択した場合は、残り時
間があっても、その場で試験が終了します。

> ≫ **POINT!**
>
> もし不合格になっても、再受験が可能である。マイクロソフト社のリテイクポリ
> シーにより、2 回目は続けて受験できる（正確には、24 時間経過後）。その後は、
> 再受験まで 14 日間のインターバルが必要となる。なお、1 年間で最大 5 回まで受
> 験できる。

1.4 AZ-900試験の勉強方法

　本書は、AZ-900の試験対策に特化したものです。そのため、Microsoft Azureの体系立てた説明や技術的な解説は行っていません。すでに前提知識があり、本書を読んで十分理解できたら、是非、そのまま試験に臨んでください。もし、本書の内容が難しいと感じたら、マイクロソフト社公式のオンライントレーニングである**Microsoft Learn「Azureの基礎」**の受講をお勧めします。このオンライントレーニングは、無償で受講でき、さらに演習を通じて、実際にMicrosoft Azureを操作することができます。

図1.4-1　Microsoft Learn（Azureの基礎）

- Microsoft Learn「Azureの基礎」
  https://docs.microsoft.com/ja-jp/learn/paths/azure-fundamentals/

> **POINT!**
>
> Microsoft Learnの演習では、Microsoft Azureの契約（サブスクリプション）がなくてもMicrosoft Azureを操作できる環境を用意してくれる。

第 1 章　Microsoft 認定試験と AZ-900 の概要

1.5 Microsoft Azure を より深く理解するために

　試験勉強を通じて、「Azure は面白い」、「Azure をより深く知りたい」と思う方もきっと多いでしょう。Azure の知識は今後のビジネスに大きく役立ちます。試験に合格しても、それで終わりとせずに、是非、勉強を続けてください。Azure には、さまざまな勉強方法が用意されています。ここでは、主に無料でできる勉強方法を紹介します。

▶ 実際に操作してみる

　まずは、「習うより慣れろ」です。実際に自分で Azure を操作し、経験を重ねると、早く上達します。初めて Azure を使用する方は、Web サイト（https://azure.microsoft.com/ja-jp/free/）より無料アカウントを作成できます。無料アカウントでは、30 日間、任意の Azure サービスを自由に利用することができます。ただし、利用できる上限は 22,500 円相当分です。なお、30 日経った後でも、一部の人気のサービスは 1 年間無料で利用できます。

▶ ドキュメントを読む

　Azure の詳細な仕様やアーキテクチャについては、ドキュメントで確認し、知識を深めましょう。Azure の各種ドキュメントは、Microsoft Docs（https://docs.microsoft.com/ja-jp/azure/）で公開されています。Microsoft Docs は、読みやすさに注力した新しいドキュメントサービスです。スマートフォンなどのモバイル端末でも読みやすくレイアウトされているので、電車の中などの空き時間を利用して勉強ができます。

　また、Azure はクラウドサービスという性格上、日々変化しているため、最新の情報を得ておく必要があります。そのキャッチアップには Microsoft Azure Blog（https://azure.microsoft.com/ja-jp/blog/）が便利です。

20

▶ トレーニングに参加する

短時間で Azure を習得したいのであれば、トレーニングへの参加が効率的です。トレーニングでは、Azure のスキルを体系的に勉強することができます。Microsoft Learn（https://docs.microsoft.com/ja-jp/learn/）は、手順付きのガイダンスに従って学習するオンライントレーニングです。Microsoft Learn では「Azure の基礎」などの多くのコース（ラーニングパス）を無料で受講できます。さらに、演習も用意されています。この演習では、Azure サブスクリプションを準備していなくても「サンドボックス」と呼ばれる仮想環境を介して Azure を操作することができます。

また、有料となりますが、Microsoft 認定トレーニングも全国で実施されています。Microsoft 認定トレーニングは、マイクロソフト社が監修したトレーニングテキストを使用し、高いスキルを持つインストラクターがトレーニングを実施します。もちろん、演習も用意されていますので、実際に Azure を操作することができます。詳しくは、Microsoft Learning（https://www.microsoft.com/ja-jp/learning）を参照してください。

▶ イベントに参加する

マイクロソフト社では、Azure を学習するためのイベントを定期的に開催しています。どのようなイベントが近日開催されるかについては、Azure のイベントのページ（https://azure.microsoft.com/ja-jp/community/events/）で検索できます。イベントには無料のものと有料のものがありますので、注意してください。また、イベントによっては、会場に行かなくてもオンラインで聴講できるものもあります。

▶ 上位の認定試験にチャレンジする

Azure 認定試験サイト（https://www.microsoft.com/ja-jp/learning/azure-exams.aspx）によると、2020 年 1 月現在、Azure の認定試験は全部で 7 つあります。AZ-900「Microsoft Azure Fundamentals」は、これらの認定試験の 1 つに過ぎません。たとえば、AZ-104「Microsoft Azure Administrator」は、AZ-900 の次に目指すべき中級レベルの試験として人気があります。このような上位の認定試験の合格を目標にすることは、勉強のモチベーションの維持に大変効果的です。

第 2 章

クラウドの概念

Microsoft Azure はクラウドサービスです。では、
「クラウド」とは、いったい何でしょうか？本章では、
クラウドの概念や、そのメリットと注意点、クラウ
ドで提供されるサービスなどを紹介します。

2.1 クラウドの概要

　従来、ITシステムは、**オンプレミス**すなわち自社で運用管理する社内データセンター等で構築していました。しかし現在では、ITシステムの構築先として、オンプレミスだけでなくクラウドも選択できるようになりました。

　クラウドには、オンプレミスにはない魅力的なメリットが多くありますが、注意点もあります。これについては後述するとして、まずは、クラウドの概要を見ていきます。

クラウドとは

　サーバー、ストレージ、ネットワークなどの**ITリソース**をインターネット経由で、いつでもどこからでも任意のデバイスから自由に利用できるようにする形態を、**クラウド**または**クラウドコンピューティング**といいます。クラウドでは、**クラウドサービスプロバイダー（クラウド事業者）** のデータセンターで提供されるクラウドサービスを利用してITリソースを作成し、操作します。

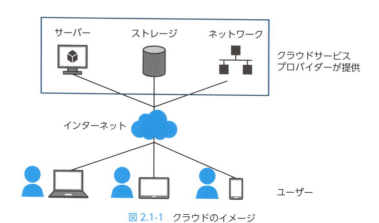

図 2.1-1　クラウドのイメージ

Microsoft Azure とは

　Microsoft Azure（Azure）は、マイクロソフト社がクラウドサービスプロバイダーとして 2010 年より提供しているクラウドサービスです。当初は Windows Azure という名前で提供されていましたが、2014 年に現在の名称に変わりました。

図 2.1-2　Microsoft Azure のトップページ

　Microsoft Azure は、マイクロソフト社自らが運用するデータセンターで 100 を超えるクラウドサービスを提供しています。

2.2 クラウド環境の種類

クラウド環境には、パブリッククラウド、プライベートクラウド、およびハイブリッドクラウドがあります。

パブリッククラウド

クラウドサービスプロバイダーが組織や個人向けに一般提供するクラウド環境のことを、**パブリッククラウド**といいます。パブリッククラウドでは、クラウドサービスプロバイダーが所有するデータセンターのサーバーやストレージなどのITリソースを複数の組織やユーザーで共有利用します。一般的にクラウドといえばパブリッククラウドを指します。Microsoft Azure はパブリッククラウドの1つです。

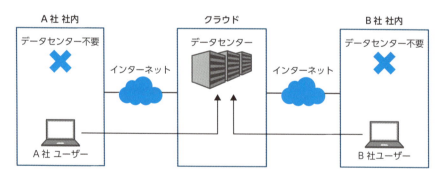

図 2.2-1　パブリッククラウドの構成例

> **POINT!**
>
> すべての IT システムをパブリッククラウドへ移行できれば、社内データセンターは廃止でき、社内データセンターの維持管理も不要となる。

プライベートクラウド

データセンターを複数の組織で共有利用せず、自社専用で利用するクラウド環境のことを、**プライベートクラウド**といいます。

プライベートクラウドには、クラウドサービスプロバイダーからデータセンターの一部を借りて構築するものと、組織が独自に社内のデータセンターで構築するものがあります。どちらの場合も、「IT リソースを自由に増減できる高い弾力性」や「組織内のユーザーによる IT リソースの共有」といったクラウドの利点を享受できます。マイクロソフト社では、社内のデータセンターに Microsoft Azure と互換性の高いプライベートクラウドを構築する Azure Stack を提供しています。

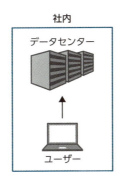

図 2.2-2　プライベートクラウドの構成例

ハイブリッドクラウド

プライベートクラウドを含む組織内のデータセンターとパブリッククラウドを組み合わせて利用するクラウド環境のことを、**ハイブリッドクラウド**といいます。ハイブリッドクラウドは、プライベートクラウドとパブリッククラウドの両方の利点を得ることができる「いいとこ取り」です。たとえば、組織内のデータセンターでストレージが足りなくなった場合、その不足分のみをパブリッククラウドのストレージで補うといった使い方ができます。

第 2 章　クラウドの概念

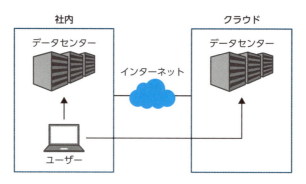

図 2.2-3　ハイブリッドクラウドの構成例

2.3 クラウドサービスを使うメリットと注意点

クラウド（パブリッククラウド）には、従来の社内データセンターにはないさまざまなメリットがありますが、同時に注意しなければならない点もあります。ここでは、クラウドのメリットと注意点を社内データセンターと比較しながら説明します。

クラウドサービスを使うメリット

IT システムの構築において、社内データセンターの代わりにクラウドを使うメリットを紹介します。これらのメリットを確認すると、現在、クラウドが人気な理由もうなずけます。

▶ 初期投資が不要

クラウドでは、新しい IT システムを構築する際、事前にサーバーやストレージなどの IT リソースを購入する必要がありません。使用した IT リソース分のみ、後日、料金を支払います。このように、クラウドはガスや電気と同じ**従量課金**です。

> **POINT!**
>
> クラウドでは、設備投資に代表される**資本コスト**（Capital Expenditure：CAPEX）が不要となり、使用量に応じた課金である**運用コスト**（Operational Expenditure：OPEX）が発生する。

▶ 高価な IT リソースを安価に利用

クラウドでは、高価なサーバーやストレージなどの IT リソースも、**複数の企業やユーザーで共有する**ので安価に利用できます。もちろん、セキュリティも含めてユーザー間では IT リソースが共有されていることを意識する必要はありません。また、

第 2 章　クラウドの概念

クラウドでは、大量のハードウェアを一括購入することで安価に仕入れることができる**規模の経済の原則**により、ユーザーはさらに安価に利用できます。

▶ ユーザー自身で IT リソースの操作が可能

IT リソースの利用に、複雑な手続きは不要です。管理者の手を借りることなく、ユーザー自身が簡単に操作できるようになっています。これを**オンデマンドセルフサービス**といいます。

▶ ビジネスの機会を逃さない高い俊敏性

これまで、IT システムを構築する際、そのインフラのためにハードウェアの納品とセットアップに長い時間が必要でした。しかし、クラウドでは、ワンクリックで新しいインフラを数分のうちに用意できます。また、このインフラは世界中に用意することが可能です。

▶ IT リソースのスケーラビリティと可用性が向上

クラウドには、スケーラビリティと可用性を向上させるためのさまざまなサービスやオプションが用意されています。**スケーラビリティ**とは、IT システムの負荷が変動しても、一定のスループットを維持することをいいます。一方、**可用性**とは、IT システムで障害が発生しても、継続して稼働し続けることを意味します。

> ≫ **POINT！**
>
> スケーラビリティと可用性を向上するには、それぞれ設定が必要である。たとえば、可用性を向上させるには、**フォールトトレランス**を設計する。一般的なフォールトトレランスの設計では、ハードウェアやシステムそのものを二重化して、障害が発生してもシステムを正常に機能させる。

▶ IT リソースに高い弾力性を提供

ユーザーはビジネスニーズに応じて、IT リソースの割り当て量を簡単に変更できます。たとえば、クラウドに 10GB（ギガバイト）のストレージを作成した後、ストレージを使い切ったら、いつでもその 10 倍の 100GB に変更できます。これを**弾力性**といいます。弾力性により、事前にキャパシティを予測する必要がほぼなくなり

ます。また、1か月のうち、月末だけ使用率が高い場合でも、月末のみ IT リソースを多く割り当てれば済むため、コスト面でも有利です。

クラウドサービスの注意点

すべての IT システムにとってクラウドが最適とは限りません。クラウドの使用にあたっては、たとえば次のような注意点があります。これらの注意点を踏まえて、クラウドと社内データセンターを使い分けることが重要です。

▶ データは社外に保存

当然ですが、データはすべてクラウドサービスプロバイダーのデータセンターに保存されます。そのため、個人情報や機密情報などのデータを管理する場合、組織のコンプライアンスで許容されるかを確認する必要があります。

▶ 管理やカスタマイズは一部制限

クラウドにおける操作や管理の範囲は、クラウドサービスプロバイダーに依存するため、ユーザーによる管理やカスタマイズは制限されます。たとえば、データセンター内のサーバーやストレージ、ネットワークの各ハードウェアを直接、ユーザーが操作することはできません。

▶ インターネット接続が必要

クラウドはインターネット経由でアクセスするのが一般的です。そのため、インターネット接続が必要です。また、社内ネットワークとインターネットでは通信速度が大きく異なるため、大量のデータをやり取りすると遅延が発生するおそれもあります。

第 2 章　クラウドの概念

2.4 クラウドで提供される サービス

　現在、クラウドでは、多種多様なサービスが提供されており、それらは SaaS、PaaS、IaaS の 3 つに大きく分類されます。

▶ SaaS（Software as a Service）

　ソフトウェアをサービスとして提供します。ソフトウェアとは、アプリケーションのことです。ユーザーは、さまざまなアプリケーションをセットアップなしでインターネット経由ですぐに利用できます。たとえば、Microsoft Office 365 は、Exchange Online や SharePoint Online などのアプリケーションを提供する SaaS です。

▶ PaaS（Platform as a Service）

　プラットフォームをサービスとして提供します。プラットフォームとは、アプリケーションの実行環境です。具体的には、Web アプリの実行環境やデータベースの実行環境を指します。たとえば、**Azure Web Apps** は Web アプリの実行環境を、**Azure SQL Database** はデータベースの実行環境を提供する PaaS です。

▶ IaaS（Infrastructure as a Service）

　インフラストラクチャをサービスとして提供します。インフラストラクチャとは、プロセッサやメモリ、ディスクなどの IT リソースそのものです。一般的に、これらの IT リソースは**仮想マシン**として提供されます。たとえば、**Azure 仮想マシン**は、IaaS に該当します。

> **》POINT!**
>
> Azure 仮想マシンに Web サーバーやデータベースエンジンをインストールしても、それは PaaS ではなく IaaS である。

32

2.4　クラウドで提供されるサービス

SaaS、PaaS、IaaS の違いは、その**管理の範囲**です。

SaaS は、ハードウェアからアプリケーションまでのすべてをクラウドサービスプロバイダーが管理します。そのため、ユーザーはセキュリティ対策やバックアップなどの管理タスクを行う必要がなく、**管理作業が最小**ですが、**簡単なカスタマイズ**しかできません。

これに対して PaaS は、アプリケーション以外はクラウド事業者が管理します。そのため、開発者はアプリケーションの開発だけに集中できます。ただし、OS とミドルウェアの変更は制限されます。

IaaS は、OS、ミドルウェア、アプリケーションを自由に管理できますが、その反面、OS やアプリケーションのセキュリティ対策やバックアップなどの管理タスクはユーザー自身が行う必要があります。

> **POINT!**

> SaaS、PaaS、IaaS はすべて、クラウドサービスプロバイダーがハードウェアを管理するため、物理サーバーの故障対応やセキュリティ対策は不要である。

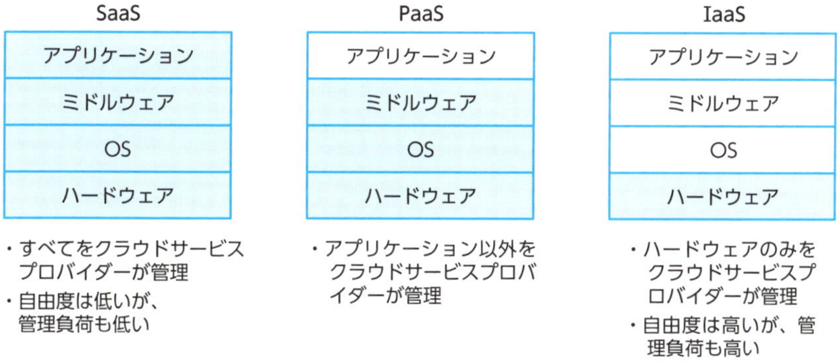

SaaS	PaaS	IaaS
アプリケーション	アプリケーション	アプリケーション
ミドルウェア	ミドルウェア	ミドルウェア
OS	OS	OS
ハードウェア	ハードウェア	ハードウェア
・すべてをクラウドサービスプロバイダーが管理 ・自由度は低いが、管理負荷も低い	・アプリケーション以外をクラウドサービスプロバイダーが管理	・ハードウェアのみをクラウドサービスプロバイダーが管理 ・自由度は高いが、管理負荷も高い

図 2.4-1　SaaS、PaaS、IaaS の違い

第 2 章　クラウドの概念

章末問題

Q1　Microsoft Azure について、各特徴が正しい場合は「はい」を、正しくない場合は「いいえ」を選択してください。

特徴	はい	いいえ
A. 初期費用が発生する	○	○
B. 作成済みの仮想マシンのサイズを自由に増減できる	○	○
C. リソースを使った分だけの従量課金で利用できる	○	○

解説

クラウドサービスである Microsoft Azure を利用するにあたって初期費用は不要です。Microsoft Azure は、仮想マシンなどのリソースを使用した分だけ料金を支払う従量課金制となっています。また、Microsoft Azure では、弾力性により仮想マシンのリソースの数やサイズ（CPU 数やメモリサイズなど）をいつでも自由に増減できます。よって、正解は［答］欄の表のとおりです。

［答］

特徴	はい	いいえ
A. 初期費用が発生する	○	●
B. 作成済みの仮想マシンのサイズを自由に増減できる	●	○
C. リソースを使った分だけの従量課金で利用できる	●	○

Q2　クラウドの弾力性の説明について、正しいものを 1 つ選択してください。

　　A. 負荷が変動しても、一定のスループットを維持すること
　　B. 障害が発生しても、継続して稼働すること
　　C. システムを二重化して、障害が発生してもシステムを正常に機能させる設計のこと
　　D. ニーズに合わせて、リソースの割り当て量を増減すること

章末問題

解説

　クラウドの大きな特徴である「弾力性」とは、必要なときにリソースの割り当てを自由に増やしたり、減らしたりできることをいいます。たとえば、仮想マシンの場合、CPU やメモリ、ディスクなどの IT リソースの数やサイズを自由に変えることができます。この弾力性により、事前の綿密なサイジング設計が不要になります。よって、**D** が正解です。

A. 負荷が変動しても一定のスループットを維持することを高スケーラビリティといいます。

B. 障害が発生しても継続して稼働することを高可用性といいます。

C. システムを二重化しておくことで、障害が発生してもシステムを正常に機能させる設計のことを、フォールトトレランスといいます。

[答] D

Q3 クラウドの概念である<u>オンデマンドセルフサービス</u>とは、管理者の手を借りることなく、ユーザー自身が操作することです。下線を正しく修正してください。

A. 変更不要

B. 高スケーラビリティ

C. 高可用性

D. 弾力性

解説

　クラウドの特徴であるオンデマンドセルフサービスとは、クラウドの利用にあたって、管理者の手を借りることなく、ユーザー自身が直接操作を行えるようになっていることです。よって、下線部分は「オンデマンドセルフサービス」のままでよく、**A** が正解です。オンデマンドセルフサービスを実現するために、一般的に、クラウドサービスには簡単に操作できる Web コンソールが用意されています。

B. 高スケーラビリティとは、負荷が変動しても、一定のスループットを維持することをいいます。

35

第 2 章　クラウドの概念

C. 高可用性とは、障害が発生しても継続して稼働することをいいます。

D. 弾力性とは、必要なときにリソースの割り当てを自由に増やしたり、減らしたりできることをいいます。

[答] A

Q4 あなたの会社では、社内データセンターで稼働中の社外向け Web システムを Microsoft Azure へ移行することを検討しています。事前に確認しておくべき事柄を 1 つ選択してください。

A. 利用料金

B. 初期費用

C. Microsoft Azure と社内ネットワークとの VPN 接続方法

D. 用意する Web サイト数

解説

　Microsoft Azure は、使用した分だけを支払う従量課金制です。そのため、事前にどれくらい使用するかを予測し、利用料金を確認しておくことが重要になります。よって、**A** が正解です。なお、Microsoft Azure には、利用料金の概算を算定するための料金計算ツール（https://azure.microsoft.com/ja-jp/pricing/calculator/）が用意されています。

B. Microsoft Azure を利用するにあたって初期費用は不要です。

C. Web システムの移行時に、Microsoft Azure と社内ネットワークとの VPN 接続方法を確認する必要はありません。

D. Web システムの移行時に、Web サイト数を変更する必要はありません。

[答] A

Q5 あなたの会社では、Azure の仮想マシンを使用して、Web アプリケーションを公開しています。Azure のデータセンターに障害が発生しても Web アプリケーションへアクセスできるようにするために必要な設計を

章末問題

1つ選択してください。

A. サイズ
B. レイテンシー
C. フォールトトレランス
D. バックアップ

2

解説

　システムを二重化することで、サービスを構成する要素が故障したり停止したりしても、サービスを正常に稼働させ続ける仕組みを「フォールトトレランス」といいます。よって、**C** が正解です。なお、仮想マシンの場合、フォールトトレランスの構成は手動で行う必要があります。

A. サイズは、仮想マシンの性能（CPU 数やメモリサイズなど）を決定するパラメーターです。
B. レイテンシーとは、ネットワークの遅延のことです。
D. バックアップとは、データの消失に備えて、別の場所にデータを保存することです。

[答] C

Q6 あなたの会社では、外部向けに独自の Web アプリケーションを公開する予定です。なお、Web アプリケーションの管理はできるかぎり最小限にしたいと考えています。
解決策：SaaS（Software as a Service）を採用する
この解決策は要件を満たしていますか？

A. はい
B. いいえ

解説

　クラウドが提供するサービスは、SaaS、PaaS、IaaS の 3 つに大きく分類されます。解決策に挙げられている SaaS（Software as a Service）は、アプリケーションパッ

37

第 2 章　クラウドの概念

ケージ製品を提供するサービスなので、独自の Web アプリケーションを公開することはできません。よって、**B** が正解です。

なお、PaaS（Platform as a Service）と IaaS（Infrastructure as a Service）は、どちらも独自の Web アプリケーションを公開する目的で使用できますが、この問題では、Web アプリケーションの管理を最小限にすることが要求されているので、IaaS よりも管理負荷の低い PaaS が最適な解決策となります。

[答] B

Q7 Microsoft Azure が提供する IaaS（Infrastructure as a Service）として正しいものを 2 つ選択してください。

　A. Azure App Service
　B. Azure SQL Database
　C. SQL Server をインストールした Azure 仮想マシン
　D. IIS をインストールした Azure 仮想マシン

解説

クラウドのサービスの分類として、Azure 仮想マシンが IaaS に該当します。Azure 仮想マシンに SQL Server や IIS（Web サーバー）などのアプリケーションをインストールしても、IaaS であることに変わりはありません。よって、**C** と **D** が正解です。

　A. Azure App Service は、Web アプリケーションの環境を提供する PaaS です。
　B. Azure SQL Database は、SQL データベースの環境を提供する PaaS です。

[答] C、D

Q8 あなたの会社では、SaaS の電子メールシステムを採用する予定です。このとき、ユーザー側で行うべき管理作業として適切なものを 1 つ選択してください。

38

章末問題

A. パフォーマンス管理

B. セキュリティパッチ管理

C. 障害対応管理

D. 何もいらない

解説

　SaaS は、パフォーマンス、セキュリティパッチ、障害対応などのすべての管理作業をクラウドサービスプロバイダー側に任せるのが特徴です。そのため、SaaS の多くのサービスでは、ユーザーは画面の色を変えるなどの簡単なカスタマイズを行う程度で利用できます。このようにユーザー側で管理作業を行う必要はないので、**D** が正解です。

［答］D

Q9 あなたの会社では、社内データセンターを有効活用しつつ、クラウドデータセンターと連携する予定です。検討すべきソリューションを 1 つ選択してください。

A. 社内データセンターへのサーバーの追加

B. パブリッククラウド

C. プライベートクラウド

D. ハイブリッドクラウド

解説

　社内データセンターとクラウドデータセンターを連携する運用形態を、「ハイブリッドクラウド」といいます。ハイブリッドクラウドでは、社内、クラウド、またはその両方のいずれかの最適な場所に、各リソースを配置することができます。よって、**D** が正解です。

A. 社内データセンターへサーバーを追加しても、クラウドデータセンターとの連携にはなりません。

B. パブリッククラウドは、クラウドデータセンターのみを使用し、社内データセンターは利用しません。

39

第2章　クラウドの概念

C. プライベートクラウドは、社内データセンターにクラウド環境を構築してパブリッククラウドのように利用するものであるため、クラウドデータセンターとの連携にはなりません。

[答] D

Q10　あなたの会社では、社内データセンターの廃棄を検討しています。検討すべきソリューションを1つ選択してください。

　　　A. 社内データセンターへのサーバーの追加
　　　B. パブリッククラウド
　　　C. プライベートクラウド
　　　D. ハイブリッドクラウド

解説

　パブリッククラウドは、クラウドデータセンターのみを使用します。そのため、すべてのシステムをパブリッククラウドへ移行すれば、社内データセンターを廃棄できます。よって、**B**が正解です。

A. 社内データセンターへサーバーを追加することは、社内データセンターの利用であって廃棄にはなりません。
C. プライベートクラウドは、社内データセンターを使用する運用形態なので、社内データセンターを廃棄すると利用できなくなります。
D. ハイブリッドクラウドは、クラウドデータセンターと社内データセンターの両方を使用する運用形態なので、社内データセンターを廃棄すると利用できなくなります。

[答] B

第 3 章

コアな Azure サービス

現在、Azure は、100 を超えるたくさんのサービスを提供しています。ユーザーは、これらのサービスから必要なものを選択し、組み合わせるだけで、さまざまなシステムを素早くかつ容易に開発することができます。

本章では、Azure のサービスのうち、特に重要なものを紹介します。

第 3 章　コアな Azure サービス

3.1 Azure アーキテクチャ コンポーネント

Azure のサービスを使用する前に、まず、Azure そのものの仕組みを理解する必要があります。ここでは、Azure の重要なアーキテクチャコンポーネント（システムの要素）を紹介します。

リソース

Azure でサービスを利用するには、管理ツールを使用し、そのサービスの**リソース**を作成します。リソースの例としては、仮想マシン、ネットワーク、ストレージなどがあります。

リージョン

ユーザーは、リソースの作成時に、そのリソースを実行する場所として**リージョン**を指定します。リージョンとは、世界中に分散された **Azure データセンターの地理的なグループ**のことをいいます。全世界に 60 以上のリージョンがあります。たとえば、日本国内にも、東日本（東京、埼玉）と西日本（大阪）の 2 つのリージョンがあります。リージョン内には、複数のデータセンターが設置されています。そのため、リージョンを指定して作成したリソースは、リージョン内のいずれかのデータセンターで実行されることになります。

リージョン内のデータセンター間は、**低遅延の高速なネットワーク**で接続されています。低遅延とは、待ち時間が短いということです。したがって、Web サーバーとデータベースサーバーなどの頻繁に通信を行うリソース同士がリージョン内の別のデータセンターで実行されたとしても、同じデータセンターで実行されているのと同じネットワークパフォーマンスが提供されます。

42

なお、リージョン間の接続についても、マイクロソフトの専用ネットワークであるバックボーンネットワークが使用されるため、リージョン内ほどではありませんが、非常に高速です。

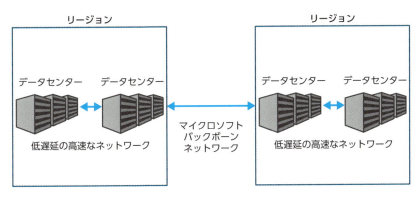

図 3.1-1　データセンターとリージョンの関係

> **POINT!**
>
> 低遅延の高速なネットワークで接続されたデータセンターのグループが、「リージョン」である。

Azure Resource Manager

Azure Resource Manager（ARM） は、リソースの作成と管理、アクセス制御を行う Azure 内部のサービスです。Azure Resource Manager は、以下の機能により、Azure 環境全体の**一貫性**を提供します。

▶ リソースグループ

作成したリソースをグループ化し、まとめて操作できるようにしたものを**リソースグループ**といいます。たとえば、リソースグループを削除すると、そのリソースグループ内のリソースはすべて自動的に削除されます。なお、リソースグループの利用には、次のルールがあります。

第 3 章　コアな Azure サービス

- リソースは必ずリソースグループに含まれます。
- リソースグループには、複数のリージョンのリソースを含めることができます。
- リソースグループには、複数の種類 (たとえば、仮想マシンとストレージなど) のリソースを含めることができます。
- リソースを複数のリソースグループに含めることはできません。

▶ タグ

タグを使用することで、個々のリソースにメモを追加できます。タグは、名前と値で構成され、使い方は自由です。たとえば、仮想マシンのリソースにタグとして管理部門名や管理番号を追加することができます。追加したタグは、Azure の管理ツールである Azure ポータルから、いつでも確認できます。また、タグをリソースの検索やフィルタリングの条件として使用することも可能です。

> **POINT!**
>
> リソースに部門名のタグを追加しておけば、リソースの使用状況やその料金を部門ごとにまとめて表示できる。

▶ ロック

リソースグループやリソースにロックを追加することで、削除や変更を禁止することができます。詳細は、96 ページ「ロック」を参照してください。

▶ ARM テンプレート

リソースの作成を**自動化**する、テキストファイルベースのテンプレートが **ARM テンプレート**です。図 3.1-2 は、ARM テンプレートの例です。一度、テンプレートを作成すれば、繰り返して利用できるというメリットがあります。

```
{
  "$schema": "https://schema.management.azure.com/schemas/2015-01-01/
deploymentTemplate.json#",
  "contentVersion": "1.0.0.0",
  "parameters": {
    "vnetName": {
```

3.1 Azure アーキテクチャコンポーネント

```
"type": "string",
"defaultValue": "VNet1",
"metadata": {
  "description": "VNet name"
}
```

図 3.1-2　ARM テンプレート例 (抜粋)

ARM テンプレートは **JSON** 形式で記述されます。JSON とは JavaScript Object Notation の略で、キーと値を：(コロン) で連結したテキストフォーマットのことをいいます。テキストフォーマットは、他にも XML がありますが、JSON は XML よりもシンプルなので、近年人気があります。

>> **POINT!**

ARM は、リソースグループ、タグ、ARM テンプレートなどの機能を提供し、リソースを一元的に管理する。

3.2 コンピュートサービス

Azure には、100 を超えるサービスが用意されており、ユーザーはそれらを組み合わせることで、容易にシステムを構築することができます。さまざまなサービスのうち汎用性が高いものは、コアサービスと呼ばれています。コアサービスには、コンピュートサービス、ネットワークサービス、ストレージサービス、データベースサービスなどがあります。

仮想マシン

コンピュートサービスの1つである**Azure 仮想マシン**（以下、**仮想マシン**）は、実際のコンピューターのように動作する仮想のコンピューターです。1台の物理サーバー上で複数台の仮想マシンを同時に実行できるため、物理サーバーを効率的に利用できます。仮想マシンを実行する物理サーバーのことを**仮想化ホスト**と呼び、仮想化ホストで実行される仮想マシンを制御するソフトウェアのことを**ハイパーバイザー**と呼びます。Azure では、Windows Server 用のハイパーバイザーである Hyper-V の技術が使用されています。

図 3.2-1　仮想マシンの仕組み

Azure では、OS の入っていない、空の仮想マシンを作成することはできません。必ず、Windows または Linux の OS を含む仮想マシンを作成します。仮想マシンでは、OS のイメージデータを含む**テンプレート**をコピーして使用します。

Azure Marketplace

　テンプレートには、Azure が提供する標準テンプレートやユーザーが作成するカスタムテンプレートなどがあります。さらにサードパーティー（マイクロソフト社のパートナー企業）が提供するテンプレートもあります。サードパーティーのテンプレートには、ベースとなる OS に当該サードパーティーのアプリケーションがあらかじめ追加されています。ユーザーは、このサードパーティーのテンプレートから仮想マシンを作成することで、サードパーティーのアプリケーションを手軽に利用できます。このようなテンプレートをまとめて検索し、利用するために、**Azure Marketplace**（https://azuremarketplace.microsoft.com/marketplace/）というサイトが設けられています。Azure Marketplace では、Azure とサードパーティーのテンプレートが登録されています。

図 3.2-2　Azure Marketplace はテンプレートのカタログ

可用性セットと可用性ゾーン

　他のサービスよりも高い稼働率が要求されることが多い仮想マシンでは、その作成時、オプションで**可用性セット**または**可用性ゾーン**を指定できます。なお、可用性セットと可用性ゾーンの両方を同時に指定することはできません。どちらか片方のみを指定します。

▶ 可用性セット

Azureデータセンターには、一般的なデータセンターでも同様ですが、ネットワークと電源を共有する多数のサーバーラックがあり、そのサーバーラック内に、多数のサーバー機（仮想化ホスト）が収容されています。

仮想マシンはこのような環境の上で実行されているため、データセンターのハードウェアの障害や、保守員によるメンテナンスなどが発生すると、仮想マシンが停止することがあります。これを回避し、可用性を確保するには、仮想マシンを複数作成して、それぞれ別々のサーバーラックやサーバー機に配置することが重要です。

可用性セットを利用すれば、仮想マシンの配置レイアウトを制御することができます。具体的には、あらかじめ以下（①および②）のパラメーターを持つ可用性セットを作成し、仮想マシンに関連付けておきます。こうすることで、複数の仮想マシンが同じサーバーラックやサーバー機に作成されないようにAzureへ要求することができるわけです。

① 「仮想マシンをいくつのサーバーラックに分散配置するか」を決定する**障害ドメイン**
② 「仮想マシンをいくつのサーバー機に分散配置するか」を決定する**更新ドメイン**

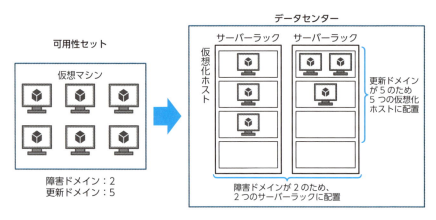

図 3.2-3　可用性セットの仕組み

> **POINT!**
>
> 可用性セットにおける障害ドメインの最大値は3、更新ドメインの最大値は20である。

▶ 可用性ゾーン

可用性ゾーンは可用性セットよりも簡単で、より高い可用性を提供する新しい機能です。可用性ゾーンは、あらかじめ、リージョン内のデータセンター群を地理的にグループ化し、番号を付けたものです。ユーザーは、仮想マシンを作成するときに、可用性ゾーン1、可用性ゾーン2といったように、配置される可用性ゾーンを番号で指定するだけです。それぞれの可用性ゾーンは地理的に離れており、当然ながら、電源やネットワーク、冷却装置も分離しています。そのため、1つの可用性ゾーンで障害が発生しても、他の可用性ゾーンには影響を与えません。

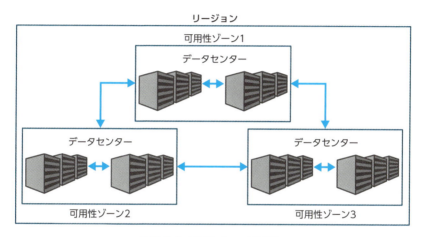

図 3.2-4　可用性ゾーンの仕組み

▶ 可用性セットと可用性ゾーンの違い

可用性セットは、データセンター内のサーバーラックやサーバー機の障害からシステムを保護します。一方、可用性ゾーンは、**データセンターそのものの障害からシステムを保護**します。

なお、Azureのサービスの品質保証であるサービスレベル契約（Service Level Agreement：SLA）では、可用性セットを使用した2台以上の仮想マシンのシステムに対して、**99.95%の稼働率**を保証しています。同様に、可用性ゾーンを使用した2台以上の仮想マシンのシステムに対して、**99.99%の稼働率**を保証しています。

> **POINT!**
> 可用性セットよりも可用性ゾーンのほうが、設定が簡単で信頼性も高い。

仮想マシンスケールセット

多くのアプリケーションでは、複数の仮想マシンと、それを分散処理するロードバランサー（負荷分散装置）を組み合わせて使用しています。**仮想マシンスケールセット**を使用すると、テンプレートを指定するだけで、これらをまとめて作成、管理することが可能です。また、仮想マシンスケールセットには、負荷に応じて、自動的に仮想マシンを追加または削除する**自動スケーリング**機能も用意されています。

> POINT!
>
> 可用性セット（可用性ゾーン）は可用性を向上し、スケールセットはスケーラビリティを向上する。

Azure DevTest Labs

Azure DevTest Labsは、**開発とテスト環境**を提供するサービスであり、必要な台数の仮想マシンを素早く作成します。仮想マシンスケールセットと似ていますが、仮想マシンスケールセットが実際の運用環境を構築するのに対して、Azure DevTest Labsは、開発者のために一時的に仮想マシンを貸し出すだけです（貸し出しが終了すれば、仮想マシンは削除されます）。

図 3.2-5　仮想マシンスケールセットと Azure DevTest Labs

3.3 ネットワークサービス

仮想ネットワークを中心としたネットワークサービスは、物理ネットワークとほぼ同じサービスを提供し、物理ネットワークと同様に構築と管理をすることができます。

仮想ネットワーク

仮想マシンを接続するためのネットワークが**仮想ネットワーク**です。同一の仮想ネットワークに接続されている仮想マシンは、お互い自由に通信することができます。しかし、別の仮想ネットワークの仮想マシンとは通信できません。つまり、それぞれの仮想ネットワークは**完全に独立**しています。

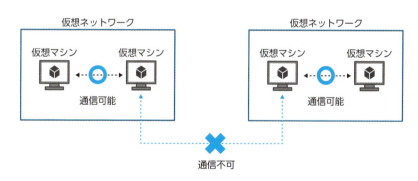

図 3.3-1　仮想ネットワークの仕組み

仮想ネットワーク同士の接続

オプションで仮想ネットワーク同士を接続することもできます。これを**ピアリング**と呼びます。ピアリングにより、異なる仮想ネットワークで動作している仮想マ

シン間でも通信が可能となります。

なお、このピアリングは、異なるリージョンの仮想ネットワーク間でも設定可能です。これを**グローバルピアリング**と呼びます。

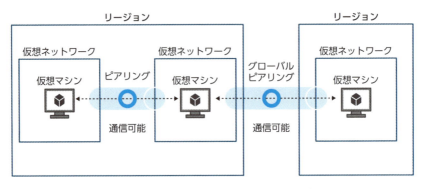

図 3.3-2　ピアリングによる仮想ネットワークの接続

仮想ネットワークとオンプレミスネットワークの接続

仮想ネットワークを社内ネットワークなどのオンプレミス（自社運用）ネットワークに接続することもできます。これを**サイト間接続**と呼びます。サイト間接続により、オンプレミスネットワークを仮想ネットワークに拡張し、社内コンピューターと Azure 仮想マシンが自由に通信できます。

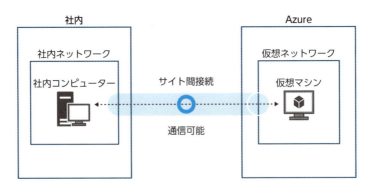

図 3.3-3　サイト間接続による仮想ネットワークとオンプレミスネットワークの接続

サイト間接続の設定手順

サイト間接続は、インターネットを介したVPN（Virtual Private Network）によって実現されます。VPNとは、プライベートネットワークを拡張する機能であり、インターネットをはさんだ2つのネットワークをあたかも1つのネットワークのように見せかけます。サイト間接続を行うには、仮想ネットワークとオンプレミスネットワークにそれぞれVPN装置を用意し、それらを接続します。その設定手順を以下に示します。

① **仮想ネットワークに、ゲートウェイサブネットを作成**
仮想ネットワークに、新しいサブネット（**ゲートウェイサブネット**）を作成します。このサブネットには、仮想マシンを配置することはできません。なお、サブネットについては、80ページ「サブネットによる分離」を参照してください。

② **ゲートウェイサブネットに仮想ネットワークゲートウェイを作成**
ソフトウェアベースのVPN装置である**仮想ネットワークゲートウェイ**（VPNゲートウェイ）をゲートウェイサブネットに作成します。

③ **オンプレミスネットワークに、VPNデバイスを導入**
社内ネットワークなどのオンプレミスネットワークには、**VPNデバイス**を導入します。VPNデバイスは、ハードウェアベースまたはソフトウェアベースのVPN装置です。さまざまなネットワークベンダーより、Azureに対応したVPNデバイスが発売されています。

④ **ローカルネットワークゲートウェイを作成**
ローカルネットワークゲートウェイは、Azureのリソースです。ローカルネットワークゲートウェイには、オンプレミスネットワークのアドレス範囲や、VPNデバイスのIPアドレスなどを指定します。

⑤ **仮想ネットワークゲートウェイとローカルネットワークゲートウェイを接続**
Azureのリソースである仮想ネットワークゲートウェイとローカルネットワークゲートウェイの関連付けをします。

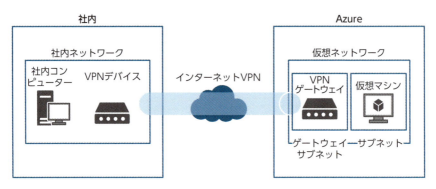

図 3.3-4　サイト間接続の設定

Azure ExpressRoute

仮想ネットワークとオンプレミスネットワークを接続するもう1つの方法として、**Azure ExpressRoute** の利用が挙げられます。サイト間接続では、その接続にインターネット VPN を使用していましたが、Azure ExpressRoute では、**プライベートな専用線**を使用します。そのため、サイト間接続よりもセキュリティと通信品質が向上します。

3.4 ストレージサービス

ストレージサービスは、ユーザーやアプリケーションにデータの保管場所を提供します。

Azure Storage

Azure Storage は、オンラインストレージサービスです。インターネット上にファイルを保存し、それを共有できる人気サービスの OneDrive や Dropbox のようなものをイメージするとわかりやすいと思います。

Azure Storage を使用するには、まず、**ストレージアカウント**を作成します。1 つのストレージアカウントで、**最大 500TB**（TB はテラバイト、GB の 1,024 倍）までの大容量データを格納できます。なお、1 つ 1 つのデータの最大サイズは**無制限**です。

Azure Storage に格納できるデータの種類

Azure Storage には、1 つのストレージアカウントに対して、用途に応じて表 3.4-1 に示す種類のデータを格納することができます。

表 3.4-1　Azure Storage に格納できるデータの種類

データの種類	説 明
BLOB	あらゆる種類のデータを保存し、HTTP 経由でアクセスします。
ファイル (Azure Files)	SMB プロトコルでアクセス可能な Windows ファイル共有を作成します。
テーブル	キーと値で構成された簡単なデータを保存します。
キュー	アプリケーション間のデータのやり取りで使用されるメッセージを保存します。

第 3 章　コアな Azure サービス

BLOB

Azure Storage に格納できるデータの 1 つに、BLOB があります。BLOB は、Binary Large Object の略で、テキストファイルから動画や画像ファイル、バイナリファイルに至るまで、あらゆる種類のファイルを格納し、HTTP（Hypertext Transfer Protocol）経由でアクセスできるオブジェクトストレージです。

オブジェクトストレージとは、ファイル単位やブロック単位ではなく、オブジェクト単位でアクセスするストレージです。大量のファイルを保存しても高速にアクセスできるという特徴があります。

>> **POINT!**

仮想マシンを構成する OS ディスクやデータディスクは、ファイルとして BLOB に格納する。

Azure Files

Azure Files（または Azure ファイル共有）は、Azure Storage 上に共有フォルダを作成し、インターネット経由でアクセスします。この共有フォルダへのアクセスには、Windows のファイル共有プロトコルである SMB（Server Message Block）プロトコルが用いられます。現在、SMB プロトコルは、Windows だけでなく Linux や macOS にも標準搭載されているため、どの OS からでもアクセス可能です。

ストレージアカウントの種類

ストレージアカウントの作成時に、その種類を指定します。ストレージアカウントの種類により、サポートされる機能が異なります。

表 3.4-2　ストレージアカウントの種類

ストレージアカウントの種類	説 明
StorageV2（汎用 v2）	BLOB、ファイル、テーブル、キューを格納できます。また、**アクセス層**をサポートします。
Storage（汎用 v1）	BLOB、ファイル、テーブル、キューを格納できます。
Blob Storage	BLOB のみを格納できます。また、**アクセス層**をサポートします。

StorageV2（汎用 v2）と Blob Storage は、BLOB のアクセス層をサポートします。アクセス層では、データのアクセス頻度に合わせて、ホット、クール、アーカイブを指定することで、コストを軽減できます。

- ホットは、頻繁にアクセスされるデータに最適。
- クールは、アクセスされる頻度は低いものの、少なくとも 30 日以上保管されるデータに最適。
- アーカイブは、ほとんどアクセスされず、少なくとも 180 日以上保管されるデータに最適。

> **POINT!**
>
> アーカイブのデータを取り出すには、いったん、クールまたはホットへ変更する必要がある。これを**リハイドレート**と呼ぶ。

Azure Storage の冗長性オプション

Azure Storage では、ストレージアカウント単位で、表 3.4-3 に示す冗長性オプションを選択可能です。これにより、格納したデータを保護することができます。

表 3.4-3　冗長性オプション

冗長性オプション	説 明
ローカル冗長（既定）	リージョン内のデータセンターに、データを 3 重に複製します。
ゾーン冗長	**可用性ゾーン**を意識したリージョン内の異なるデータセンターに、データを 3 重に複製します。
geo 冗長	ローカルリージョンに 3 重、別のリージョン（リモートリージョン）にさらに 3 重に複製します（合計で 6 重に複製）。
読み取りアクセス geo 冗長	geo 冗長と同じですが、リモートリージョンのデータにも読み取り専用でアクセスできます。

第 3 章　コアな Azure サービス

3.5　データベースサービス

　ここでは、一般的なデータベースの分類である SQL データベースと NoSQL デー
タベースの概要を紹介した後、Azure におけるデータベースサービスを紹介します。

▶ SQL データベース

　厳密な定義にもとづいたテーブルを作成し、データベース言語の SQL を使用して
読み書きします。別名、RDB（Relational Database）とも呼ばれています。一般的な
SQL データベースの製品例としては、Microsoft SQL Server や Oracle、MySQL な
どがあります。

▶ NoSQL データベース

　NoSQL は Not Only SQL の略です。SQL データベース以外のデータベースは、
ざっくりと NoSQL データベースと呼ばれます。主な NoSQL データベースの種類を
表 3.5-1 に示します。

表 3.5-1　NoSQL データベースの種類

種 類	説 明	製品例
キーバリュー型	データを「キー」と「値」という単純な構造で管理します。	Redis
テキスト指向型	データを XML や JSON といったドキュメントで柔軟に管理します。	MongoDB
グラフ型	データをグラフ構造（データ間のつながり）で管理します。	Neo4j

Azure SQL Database

　Azure SQL Database は、Microsoft SQL Server をデータベースエンジンとし
た、**マネージド型**の SQL データベースのサービスです。マネージド型とは、Azure

58

3.5 データベースサービス

側ですべての運用管理を請け負うサービスのことをいいます。バックアップやセキュリティ対策、パッチ管理などはすべて Azure におまかせにできるので、ユーザーが自ら行う必要はありません。

> **POINT!**
>
> マネージド型サービスに対して、ユーザーが運用管理を行うサービスのことを**アンマネージド型サービス**と呼ぶ。たとえば Azure 仮想マシンはアンマネージド型サービスで、Azure Storage はマネージド型サービスである。

Azure Cosmos DB

Azure Cosmos DB は、Azure で提供される NoSQL データベースのサービスです。複数のデータモデルに対応し、キーバリュー型、テキスト指向型（JSON ドキュメント）、およびグラフ型のすべてのデータを取り扱うことができます。

Azure Cosmos DB は、単一リージョン（シングルマスター）または**複数リージョン（マルチマスター）で書き込み**を受け入れるように構成でき、ペタバイト（PB。TB の 1,024 倍）クラスの大規模な分散データベースを構築します。

第 3 章　コアな Azure サービス

3.6 Azure で使える ソリューション

ここまで紹介してきたのは、Azure のコアサービスです。しかし Azure のサービスは、これだけではありません。ここでは、コアサービス以外でよく利用されるサービスとして、キャッシュやデータウェアハウス、ビッグデータ、AI（人工知能）、IoT（モノのインターネット）関連のサービスを紹介します。

> **POINT!**
>
> Azure の主なサービスの名前とその役割を理解しておく。

キャッシュソリューション

アプリケーションでキャッシュを利用すれば、アプリケーションのパフォーマンスが向上し、さらにリソースの負荷を軽減することができます。Azure の主なキャッシュソリューションには、Web コンテンツをキャッシュする Azure CDN とアプリケーションデータをキャッシュする Azure Cache for Redis があります。

▶ Azure CDN

Azure CDN（コンテンツ配信ネットワーク）は、画像や動画などの Web コンテンツで利用されるキャッシュサービスです。世界中に配置されたキャッシュサーバーでコンテンツをキャッシュすることにより、場所や規模を問わずあらゆる Web アクセスを高速化できます。

▶ Azure Cache for Redis

インメモリのデータストアサービスである **Azure Cache for Redis** は、プログラムを介してあらゆるアプリケーションデータをメモリにキャッシュできます。たと

えば、データベースの検索結果をキャッシュしておけば、ユーザーに素早い応答を行うことが可能です。

Azure のデータウェアハウスとデータレイクソリューション

近年注目されている AI、IoT、機械学習などで用いられる大容量のデータ（ビッグデータ）を**蓄積**するために、Azure にはペタバイトクラスのデータに対応したデータウェアハウスおよびデータレイクの各サービスが用意されています。

データベース、データウェアハウス、データレイクはよく似ていますが、それぞれ異なった使い方をします。データベースは、1 つのシステムで使用するデータを管理します。データウェアハウスは、複数のデータベースをまとめて管理し、分析します。データレイクは、データウェアハウスのデータ（構造化データと呼ばれます）に加えて SNS ログや音声、画像などの非構造化データまで取り込んだものです。

▶ Azure SQL Data Warehouse

特定の目的のために処理された大量のデータを保管する**データウェアハウス**です。負荷に合わせて処理能力を変える**自動スケーリング**による「高い弾力性」という特徴があります。

▶ Azure Data Lake

何も処理されていない生のデータ（ローデータ）を大量に保管する**データレイク**です。生のデータは必要に応じて他の形式へ変換します。

Azure のビッグデータ分析ソリューション

大量のデータ（ビッグデータ）を高速に分析、処理するための分散処理サービスとして、Azure には次のサービスが用意されています。

▶ Azure HDInsight

人気のあるオープンソースの分析フレームワーク（基盤）である Apache Hadoop、Spark、Kafka などが利用できます。

第 3 章　コアな Azure サービス

▶ Azure Databricks

Apache Spark ベースの分析サービスです。Apache Spark とは、カリフォルニア大学バークレー校で開発されたオープンソースのクラスタコンピューティングフレームワークです。

Azure Databricks は、Azure HDInsight よりシンプルに分析フレームワークが利用でき、コラボレーション機能や自動スケーリング機能などの独自の機能も用意されています。

Azure の AI ソリューション

AI とは、ごく簡単に説明すると、機械が人間の知的なふるまいを真似ることをいいます。以下に、Azure の主な AI プラットフォームを紹介します。

▶ Azure Machine Learning

提供されたデータを学習し、**予測分析**を行うサービスです。たとえば、以前の天気とアイスクリームの売り上げのデータを学習し、今後の天気予報から売り上げを予測します。予測分析の手続きには、Web ブラウザから操作可能な **Azure Machine Learning Studio** を使用します。

▶ Azure Cognitive Services

アプリケーションで文字や画像、音声の認識などを行いたい場合は、**Azure Cognitive Services** を利用します。Cognitive は、「認知」という意味です。Azure Cognitive Services では、視覚、音声、言語、知識、検索の各分野において、あらかじめ学習済みの環境が提供されているため、インテリジェントな AI アプリケーションを簡単に構築できます。

62

図 3.6-1　Azure Cognitive Services による手書き文字の認識例

▶ Azure Bot Service

最近、Web サイトでよく見かけるのが、AI が人間に代わっていろいろな質問に答えてくれる**ボットサービス**です。**Azure Bot Service** を利用すると、アプリケーションにデジタルオンラインアシスタントを簡単に追加することができます。Azure Bot Service は、文字によるチャットだけでなく、**音声によるチャット**にも対応しています。

▶ Azure Search（Azure Cognitive Search）

AI を活用したクラウド検索サービスです。Azure Search（Azure Cognitive Search）では、Web アプリケーションやモバイルアプリケーションに全文検索機能を提供します。

Azure の IoT ソリューション

IoT（Internet of Things：モノのインターネット）とは、身の回りにあるさまざまな「モノ」がインターネットに接続されて、共同作業する仕組みのことです。たとえば、畑やビニールハウスに温度と湿度のセンサーを設置し、そこから収集した気象情報から水やりの頻度や量を自動的に調整するなど、さまざまな分野で使用されています。

Azure では、IoT のソリューションを実現するためのプラットフォームとして

第 3 章　コアな Azure サービス

Azure IoT を提供しています。主な Azure IoT のサービスには、次のものがあります。

▶ Azure IoT Hub

　IoT デバイスを接続して、クラウド側で監視、制御する Azure IoT の中心的なサービスです。

> **POINT!**
>
> Azure IoT Hub を使用し、IoT デバイスから収集されたデータは、Azure Storage の BLOB やキューに保存されることが多い。

▶ Azure IoT Edge

　IoT デバイスから収集されたデータを、クラウド側ではなく、IoT デバイス側（エッジ側と呼びます）で処理し、Azure IoT Hub へ渡します。すべてのデータではなく、処理結果だけをクラウド側へ渡すため、ネットワークトラフィックを軽減できるなどのメリットがあります。

▶ Azure IoT Central

　IoT デバイスからの情報収集、蓄積、分析のすべてを、Azure IoT Central がユーザーに代わって行ってくれます。これにより、クラウドに関する専門的な知識がなくても IoT ソリューションを実現できます。

▶ Azure IoT ソリューションアクセラレータ

　リモート管理や予測メンテナンスなどの一般的な IoT ソリューションの開発を容易にするテンプレートです。

◤ Azure のサーバーレスコンピューティングソリューション

　ユーザーがサーバーを常に用意していなくても、必要に応じてサーバーを借りてプログラムを実行する機能を**サーバーレスコンピューティング**と呼びます。サーバーレスコンピューティングは、実際にサーバーがないわけではなく、Azure 側がサーバーを用意します。そのため、ユーザー側はサーバーの心配をする必要がありません。

64

Azure のサーバーレスコンピューティングソリューションには次のものがあります。

▶ Azure Functions

HTTP 要求やスケジュールなどのアクションによって自動的にプログラムを実行します。プログラムの開発言語として、JavaScript や PowerShell、Python などが選択できます。

▶ Azure Logic Apps

何らかのアクションによって、ワークフローを実行します。ワークフローはグラフィカルな Logic Apps デザイナーを使用し、プログラムを書かずに開発が可能です。あらかじめ、テンプレートやアクションが豊富に用意されています。たとえば、SharePoint Online のアイテムが変更されたら、電子メールを送信するなどのワークフローを簡単に作成できます。

図 3.6-2　Logic Apps デザイナーによるロジックアプリの開発

3.7 Azure 管理ツール

Azure には、リソースを作成したり、操作したりするために、さまざまな管理ツールが用意されています。これらの管理ツールは、Web コンソールやコマンドラインプログラムなど多種多様です。

Azure ポータル

Azure ポータルは、Azure を操作する Web ベースの管理ツールであり、**https://portal.azure.com** でアクセス可能です。Internet Explorer をはじめ、Microsoft Edge、Google Chrome、Firefox、Safari などの一般的な Web ブラウザに対応しています。また、Android や iPhone などのスマートフォンやタブレット端末の Web ブラウザからも操作可能です。

図 3.7-1　Azure ポータル

Azure CLI

　Azure CLI（Command Line Interface）は、Azure の管理コマンドです。ユーザーのコンピューターに Azure CLI をインストールすると、az で始まるコマンドが利用できるようになります。なお、Azure CLI は Python ベースのコマンドなので、Python の実行環境があれば、Windows、Linux、macOS の任意のコンピューターから使用できます。Windows の場合、標準では Python の実行環境はありませんが、Azure CLI のインストールプログラムを実行すると、Python の実行環境のインストールからすべて行ってくれます。インストールが完了すれば、**コマンドプロンプトまたは PowerShell プロンプト**から Azure CLI が利用可能になります。

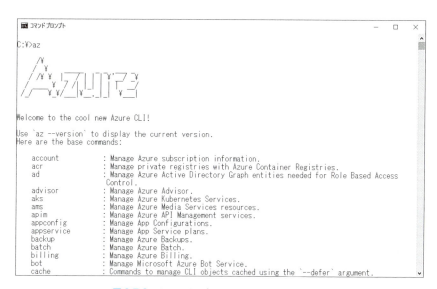

図 3.7-2　Azure CLI (Command Line Interface)

Azure PowerShell

　Azure PowerShell は、PowerShell で利用可能なコマンド[※1]です。これを使うためには、ユーザーのコンピューターに Azure PowerShell モジュールをインストー

※1　PowerShell では、コマンドのことを「コマンドレット」と呼びます。

第 3 章　コアな Azure サービス

ルする必要があります。PowerShell は、以前は Windows PowerShell と呼ばれて
いて、Windows 専用でした。しかし、現在はオープンソースの PowerShell であ
る **PowerShell Core** が提供されているため、Azure PowerShell もマルチプラット
フォーム（Windows、Linux、macOS）で利用可能です。

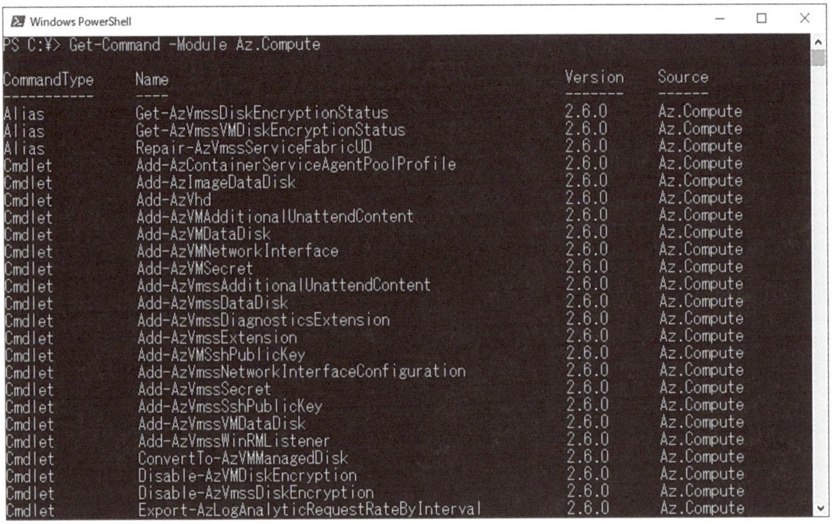

```
Windows PowerShell                                                    —    □    ×
PS C:¥> Get-Command -Module Az.Compute

CommandType     Name                                        Version   Source
---------       ----                                        -------   ------
Alias           Get-AzVmssDiskEncryptionStatus              2.6.0     Az.Compute
Alias           Get-AzVmssVMDiskEncryptionStatus            2.6.0     Az.Compute
Alias           Repair-AzVmssServiceFabricUD                2.6.0     Az.Compute
Cmdlet          Add-AzContainerServiceAgentPoolProfile      2.6.0     Az.Compute
Cmdlet          Add-AzImageDataDisk                         2.6.0     Az.Compute
Cmdlet          Add-AzVhd                                   2.6.0     Az.Compute
Cmdlet          Add-AzVMAdditionalUnattendContent           2.6.0     Az.Compute
Cmdlet          Add-AzVMDataDisk                            2.6.0     Az.Compute
Cmdlet          Add-AzVMNetworkInterface                    2.6.0     Az.Compute
Cmdlet          Add-AzVMSecret                              2.6.0     Az.Compute
Cmdlet          Add-AzVmssAdditionalUnattendContent         2.6.0     Az.Compute
Cmdlet          Add-AzVmssDataDisk                          2.6.0     Az.Compute
Cmdlet          Add-AzVmssDiagnosticsExtension              2.6.0     Az.Compute
Cmdlet          Add-AzVmssExtension                         2.6.0     Az.Compute
Cmdlet          Add-AzVMSshPublicKey                        2.6.0     Az.Compute
Cmdlet          Add-AzVmssNetworkInterfaceConfiguration     2.6.0     Az.Compute
Cmdlet          Add-AzVmssSecret                            2.6.0     Az.Compute
Cmdlet          Add-AzVmssSshPublicKey                      2.6.0     Az.Compute
Cmdlet          Add-AzVmssVMDataDisk                        2.6.0     Az.Compute
Cmdlet          Add-AzVmssWinRMListener                     2.6.0     Az.Compute
Cmdlet          ConvertTo-AzVMManagedDisk                   2.6.0     Az.Compute
Cmdlet          Disable-AzVMDiskEncryption                  2.6.0     Az.Compute
Cmdlet          Disable-AzVmssDiskEncryption                2.6.0     Az.Compute
Cmdlet          Export-AzLogAnalyticRequestRateByInterval   2.6.0     Az.Compute
```

図 3.7-3　Azure PowerShell

> **POINT!**
>
> Azure ポータル、Azure CLI、Azure PowerShell の 3 つの Azure 管理ツールは、
> いずれも Windows、Linux、および macOS で使用できる。

Azure Cloud Shell

　Azure CLI や Azure PowerShell を使用するには、ユーザーのコンピューターに
これらのプログラム（モジュール）をインストールするのが一般的でした。これに対
して、**Azure Cloud Shell** を使えば、Azure CLI や Azure PowerShell をインストー
ルしなくても Web ブラウザからすぐに使用できます。また、Android や iPhone な

どのスマートフォンやタブレット端末でも利用できます。

Azure Cloud Shell には、https://shell.azure.com または Azure ポータルの「**Cloud Shell」ボタン（プロンプトのアイコン）**からアクセス可能です。Azure Cloud Shell は、ユーザーごとに作成される Linux の仮想マシンで、あらかじめ Azure CLI や Azure PowerShell がインストール済です。また、Azure Cloud Shell では、**Bash と PowerShell の 2 種類のシェル**が切り替え可能で、ユーザーは使い慣れたシェルを選択することができます。

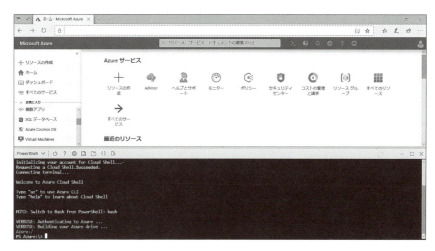

図 3.7-4　Azure Cloud Shell

> POINT!
>
> Azure Cloud Shell は、Android や iPhone などのスマートフォンやタブレット端末からも利用できる。

Azure Advisor

一風変わった Azure のサービスに、**Azure Advisor** があります。これは、ユーザーの現在のリソースの運用状態を調査し、ベストプラクティス（推奨事項）を提案します。

ベストプラクティスの提案は、**可用性**、**セキュリティ**、**パフォーマンス**、**コスト**の各分野について行われます。たとえば、「仮想マシンを従量課金から予約インスタンスに変更すると 40,000 円削減できます」といったような提案が行われます。

つまり、従来は IT コンサルタントが行っていた課題解決の提案をオンラインで簡単に利用できます。さらに、Azure Advisor は無料で利用できます。

図 3.7-5 Azure Advisor による推奨事項の表示

章末問題

章末問題

Q1 Microsoft Azure では、高速なネットワークで接続された複数のデータセンターのグループを何と呼びますか？

A. リージョン
B. Azure 可用性セット
C. Azure 可用性ゾーン
D. リソースグループ

解説

　地理的に隣接しているデータセンターを高速なネットワークで接続し、グループ化したものを「リージョン」といいます。よって、**A** が正解です。Microsoft Azure では 60 以上のリージョンが用意されており、日本には東日本リージョンと西日本リージョンがあります。ユーザーは、リソースやデータの保存場所としてこれらのリージョンを指定します。

B. Azure 可用性セットは、複数の仮想マシンがデータセンター内の同じラックや同じサーバーに配置されないようにするためのグループです。
C. Azure 可用性ゾーンは、リージョン内のデータセンターを地理的にグループ化したものであり、複数の仮想マシンが同じデータセンターのグループに配置されないようにするためのものです。
D. リソースグループは、リソースを配置するための論理的なグループです。

[答] A

Q2 Azure Resource Manager が提供する機能として適切なものを 3 つ選択してください。

A. リソースグループ
B. ロック

（選択肢は次ページに続きます。）

71

第 3 章　コアな Azure サービス

C. アクティビティログ

D. タグ

E. ダッシュボード

F. マネージドディスク

解説

Azure Resource Manager には、リソースを一元的に管理するための機能が多く用意されています。その代表例に、リソースをグループ化して管理する「リソースグループ」、リソースの削除や上書きを禁止する「ロック」、リソースに詳細な説明を追加する「タグ」などがあります。よって、**A**、**B**、**D** が正解です。

[答] A、B、D

Q3 あなたの会社では、Web アプリケーションの設定ファイルを格納するクラウドストレージとして、Azure Storage を採用する予定です。最適な Azure Storage のデータサービスを 2 つ選択してください。

A. BLOB

B. ファイル

C. テーブル

D. キュー

解説

Azure Storage のデータサービスとして、ファイルを格納し、アプリケーションからアクセスできるのは、BLOB（Binary Large Object）とファイル（Azure Files）です。よって、**A** と **B** が正解です。BLOB は、HTTP プロトコル経由でファイルにアクセスできます。一方、ファイル（Azure Files）は、SMB プロトコル経由でファイルにアクセスできます。

C. テーブルは大規模なキーと値を格納します。ファイルを格納するものではありません。

D. キューはメッセージを格納します。メッセージはアプリケーション間で交換するデータであり、キューにファイルは格納できません。

72

章末問題

[答] A、B

Q4 あなたの会社では、テスト環境用と本番環境用の 2 台の仮想マシンを作成する予定です。テスト環境用の仮想マシンと本番環境用の仮想マシンはお互いアクセスできないように分離する必要があります。
解決策：個別の仮想ネットワークに仮想マシンをデプロイする
この解決策は要件を満たしていますか？

A. はい

B. いいえ

解説

　仮想ネットワークは、仮想マシンなどの Azure のリソースを配置するためのネットワークです。それぞれの仮想ネットワークは完全に独立しています。そのため、複数の仮想ネットワークを作成し、それぞれの仮想ネットワークに個別に仮想マシンをデプロイ（配置）した場合、仮想マシンはお互いアクセスすることができません。よって、**A** が正解です。ただし、オプションのピアリングを構成した場合は、異なる仮想ネットワークの仮想マシンも相互にアクセスすることができます。

[答] A

Q5 あなたの会社では、社内ネットワークと仮想ネットワークをインターネット VPN で接続することを計画しています。作成すべき Azure リソースとして最適なものを 3 つ選択してください。

A. ネットワークセキュリティグループ

B. 接続

C. ExpressRoute 回線

D. ルートテーブル

E. 仮想ネットワークゲートウェイ

F. ローカルネットワークゲートウェイ

第 3 章　コアな Azure サービス

解説

　Azure の仮想ネットワークは、インターネット VPN を介して、社内ネットワークと接続し、まるで 1 つのネットワークのように機能させることができます。

　インターネット VPN を構成するには、Azure の 3 つのリソースが必要です。まず、ネットワークの両端には VPN 装置が必要ですが、仮想ネットワーク側の VPN 装置では、リソースとして「E. 仮想ネットワークゲートウェイ」を作成します。これに対して社内ネットワーク側には、ハードウェアの VPN デバイスを購入して設置しますが、当該 VPN デバイスの IP アドレスを登録するためのリソースとして、「F. ローカルネットワークゲートウェイ」を作成します。そして最後に、仮想ネットワークゲートウェイとローカルネットワークゲートウェイを接続するためのリソースとして、「B. 接続」を作成します。よって、**B**、**E**、**F** が正解です。

[答] B、E、F

Q6　あなたの会社では、JSON 文書が保存でき、複数の地域から同時にアクセスできるデータベースを検討しています。
解決策：Azure Cosmos DB を採用する
この解決策は要件を満たしていますか？

　A. はい
　B. いいえ

解説

　Azure Cosmos DB は、Azure が提供する NoSQL のデータベースサービスです。その特徴として、JSON 文書をはじめさまざまな種類の NoSQL データを格納できます。また、データは透過的に（そのまま）世界中へレプリケート（複製）され、ユーザーにとって最も近い場所にあるデータを操作できます。よって、**A** が正解です。

[答] A

章末問題

Q7 次の Microsoft Azure の AI プラットフォームに対する適切な説明を選択してください。

Azure の AI プラットフォーム	説明
Azure Machine Learning	
Azure Cognitive Services	
Azure Bot Service	
Azure Search	

A. AI を活用したクラウド検索サービスを提供する

B. デジタルオンラインアシスタンスを提供する

C. インテリジェントな AI アプリケーションを簡単に構築する

D. 過去のトレーニングを使用し、確率の高い予測を提供する

解説

正解は、[答]欄の表のとおりです。

[答]

Azure の AI プラットフォーム	説明
Azure Machine Learning	D. 過去のトレーニングを使用し、確率の高い予測を提供する
Azure Cognitive Services	C. インテリジェントな AI アプリケーションを簡単に構築する
Azure Bot Service	B. デジタルオンラインアシスタンスを提供する
Azure Search	A. AI を活用したクラウド検索サービスを提供する

Q8 あなたの会社では、サーバーレスコンピューティングを活用したイベントで起動するアプリケーションの開発を検討しています。適切な Azure サービスを 1 つ選択してください。

A. Azure App Service

B. Azure DevOps

C. Azure Functions

D. Azure Application Insights

75

第 3 章　コアな Azure サービス

解説

　サーバーレスコンピューティングとは、アプリケーションを実行するために行う
サーバーの事前準備を必要としない、新しいプラットフォームです。サーバーレス
コンピューティングを実現する Azure Functions は、ユーザー側でサーバーを用意
することなくアプリケーションを簡単に実行することができます。よって、**C** が正
解です。

A. Azure App Service は、Web サイトや Web アプリケーションを公開するため
　　のサービスです。
B. Azure DevOps は、開発担当者と運用担当者が連携してアプリケーションを開
　　発する DevOps を支援するサービスです。
D. Azure Application Insights は、アプリケーションパフォーマンスを監視する
　　Azure Monitor の機能の一部です。

［答］C

Q9 あなたは macOS High Sierra がインストールされたコンピューターから
Azure PowerShell スクリプトを実行する予定です。適切な作業を 2 つ選
択してください。

A. PowerShell Core をインストールする
B. Python 2.8 をインストールする
C. Azure PowerShell モジュールをインストールする
D. Azure Cloud Shell モジュールをインストールする

解説

　Azure PowerShell は、PowerShell ベースの Azure 用管理コマンドです。以前
の PowerShell は Windows 専用でしたが、現在はオープンソースとなり、macOS
や Linux でも「PowerShell Core」をインストールすることで利用できます。また、
Azure PowerShell スクリプトを実行するためには、Azure に対応した PowerShell
モジュールである「Azure PowerShell モジュール」もインストールする必要があり
ます。よって、**A** と **C** が正解です。

［答］A、C

章末問題

Q10 仮想マシンを作成するために Azure ポータルへアクセスするときの URL
として適切なものを 1 つ選択してください。

    A. https://admin.azure.com

    B. https://admin.azurevm.com

    C. https://portal.azure.com

    D. https://portal.azurevm.com

解説

Azure ポータルは、Web ベースの Azure の管理コンソールで、その URL は
https://portal.azure.com です。よって、**C** が正解です。URL を忘れた場合に備え
て、Azure ポータルを逆さから読むとそのまま（ポータル Azure）で、URL（portal.
azure）になることを覚えておくと便利です。

[答] C

Q11 あなたの会社では、Azure Advisor を利用して、リソースの構成を分析し
推奨事項を確認する予定です。Azure Advisor で提供される推奨事項と
して最適なものを 1 つ選択してください。

    A. 仮想ネットワークにサブネットを追加する方法

    B. 仮想マシンの実行コストを削減する方法

    C. Azure ポータルをカスタマイズする方法

    D. Azure AD テナントのセキュリティを向上する方法

解説

Azure Advisor は、ユーザーの Azure リソースの構成と使用法を分析し、推奨事
項を提示する無料のサービスです。推奨事項には、可用性、セキュリティ、パフォー
マンス、およびコストの 4 つの種類がありますが、設定やカスタマイズはありませ
ん。また、Azure Advisor は Azure のすべてのサービスに対応しているわけではあ
りません。たとえば、Azure AD には対応していません（Azure AD の詳細について
は、86 ページ「Azure Active Directory（Azure AD）」を参照してください）。仮想

第 3 章　コアな Azure サービス

マシンの実行コストを削減する方法は Azure Advisor で提示されます。よって、**B**
が正解です。

[答] B

78

第4章

セキュリティ、プライバシー、コンプライアンス、信用

Azure データセンターの物理面・運用面のセキュリティは、Azure 側で責任をもって対応しています。しかし、Azure 上で作成したリソースやアプリケーションのセキュリティに関しては、ユーザー自身で対応する必要があります。

本章では、Azure リソースやアプリケーションのセキュリティ対策を紹介します。

4.1 Azureでのネットワーク接続のセキュア化

　Azureの仮想ネットワークは、物理ネットワークと同様に、「通信データの暗号化」と「ファイアウォールによる通信の制限」により、セキュリティ上安全な状態にする（セキュア化する）ことが重要です。

通信データの暗号化

　通信データの暗号化は、リソースやアプリケーションで行います。たとえば、仮想マシンをWebサーバーとして使用する場合、仮想マシンにWindows ServerとIIS（Internet Information Services）をセットアップし、IISの標準機能であるSSL（Secure Sockets Layer）暗号化を有効にします。SSL暗号化は、WebブラウザとWebサーバー間の通信を暗号化し、第三者によるデータの盗聴や成りすましを防ぐ基本的なセキュリティ機能です。

サブネットによる分離

　仮想ネットワークを分離する機能が**サブネット**です。1つの仮想ネットワークに複数のサブネットを作成し、サブネット間の通信を制限することで、セキュアなネットワークを構築することができます。この制限には、次に紹介する**ネットワークセキュリティグループ（NSG）**または**Azure Firewall**が利用できます。たとえば、2階層システムを安全に構築する場合は、Webサーバーの仮想マシンを含むフロントエンドサブネットと、データベースサーバーの仮想マシンを含むバックエンドサブネットを作成するとよいでしょう。

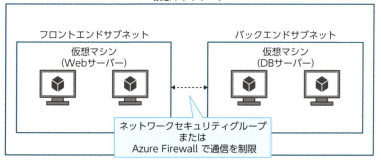

図 4.1-1　サブネットによる仮想ネットワークの分離

ネットワークセキュリティグループ（NSG）

ネットワークセキュリティグループ（以下、**NSG**）は、仮想マシンの通信を制御するパーソナルファイアウォールです。ファイアウォールとは、コンピューター間やネットワーク間の通信をユーザーまたは管理者が設定した規則に従って許可または拒否するセキュリティ機能であり、パーソナルファイアウォールは、特定のコンピューターに出入りする通信だけを制限します。Windows 10 に標準で搭載されるWindows Firewall はパーソナルファイアウォールの一例です。

ユーザーは、受信と送信のそれぞれのセキュリティ規則を記述した NSG を作成し、仮想マシンのネットワークインターフェイスまたは仮想ネットワークのサブネットに割り当てます。なお、NSG は**リージョン内で再利用**が可能です。たとえばWeb サーバー用など用途ごとに NSG を作成すれば、同じ役割の複数の仮想マシン（のネットワークインターフェイス）に割り当てて使用でき、管理を効率化できます。また、Azure ポータルから仮想マシンを作成すると、自動的に NSG が作成され、仮想マシンのネットワークインターフェイスに割り当てられます。

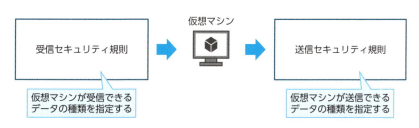

図 4.1-2　ネットワークセキュリティグループによる通信の制限

第 4 章　セキュリティ、プライバシー、コンプライアンス、信用

　既定の NSG の受信と送信のセキュリティ規則は、表 4.1-1 および表 4.1-2 のように
なります。セキュリティ規則には、「通信」、「アクション」、「優先度」の 3 つの要
素で構成された規則が含まれます。通信とは、ポートとプロトコル、ソース（送信元）
と宛先のことです。セキュリティ規則の通信と仮想マシンの実際の通信が合致した
場合、アクションにより許可または拒否が決定されます。このとき、合致する規則
が複数ある場合は、優先度の高い（優先度の値が小さい）規則のアクションが実行さ
れます。

　既定の NSG では、基本的に仮想マシンへの通信（受信）は禁止されており、仮想
マシンからの通信（送信）は許可されています。そのため、Web サーバーの仮想マシ
ンを作成してインターネットに公開する場合は、受信セキュリティ規則に、HTTP
の許可を追加する必要があります。

表 4.1-1　既定の受信セキュリティ規則

優先度	名 前	ポート	プロトコル	ソース	宛 先	アクション
65000	AllowVnet InBound	任意	任意	Virtual Network	Virtual Network	許可
65001	AllowAzureLoad BalancerInBound	任意	任意	AzureLoad Balancer	任意	許可
65500	DenyAll InBound	任意	任意	任意	任意	拒否

表 4.1-2　既定の送信セキュリティ規則

優先度	名 前	ポート	プロトコル	ソース	宛 先	アクション
65000	AllowVnet OutBound	任意	任意	Virtual Network	Virtual Network	許可
65001	AllowInternet OutBound	任意	任意	任意	Internet	許可
65500	DenyAllOutBound	任意	任意	任意	任意	拒否

　NSG は**ステートフルファイアウォール**です。ステートフルファイアウォールとは、
行きのトラフィックのみを規則で許可すれば、帰りのトラフィックは自動的に許可
されるものです。ステートフルファイアウォールは、作成する規則の数が少なくて
済むため、現在、多くのファイアウォールで採用されています。

>> POINT!

NSG は**ステートフルファイアウォール**である。

Application Security Groups (ASG)

NSG のルールをより便利かつ簡単にしてくれる機能が、**Application Security Groups**（以下、**ASG**）です。ASG では、仮想マシンのネットワークインターフェイスカード（NIC）をグループ化し、NSG のルールのソースや宛先として利用できます。同じ役割の仮想マシンを ASG でグループ化しておけば、NSG のルールをまとめることができます。また、仮想マシンの役割が変わった場合でも、ASG を修正するだけでよく、NSG のルールを修正する必要はありません。

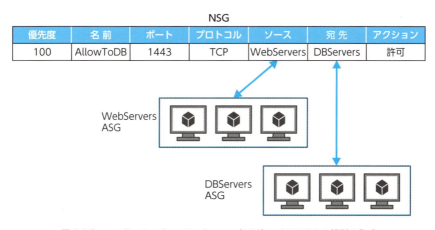

図 4.1-3　Application Security Groups（ASG）による NSG の規則の作成

Azure Firewall

Azure Firewall も NSG と同様にファイアウォールですが、Azure Firewall は「ネットワークファイアウォール」です。ネットワークファイアウォールはネットワークレベルで動作し、**インターネットとの通信**や仮想ネットワークの**サブネット間の通信**を制御します。

たとえば、フロントエンドサブネット（Web サーバーのサブネット）とバックエンドサブネット（データベースサーバーのサブネット）を持つ仮想ネットワークからなる 2 階層システムで、Web サーバーとデータベースサーバー間の通信を制限する場合、新しく DMZ（DeMilitarized Zone）サブネットを作成し、DMZ サブネット

に Azure Firewall を導入します。ただし、このままでは仮想ネットワーク内の仮想マシンは Azure Firewall を使ってくれません。そこで、通信を自由にコントロールできる**ユーザー定義ルート**を作成して、フロントエンドサブネットからバックエンドサブネットへの通信を強制的に、Azure Firewall を経由するように変更します。同様に、バックエンドサブネットからフロントエンドサブネットへの通信も Azure Firewall を経由するように変更します。

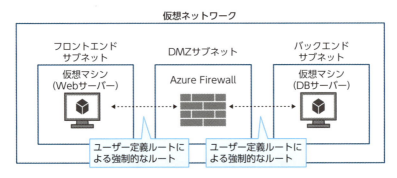

図 4.1-4　Azure Firewall による通信の制限

Azure DDoS Protection

インターネットにクラウドアプリケーションを公開する場合、**DDoS (Distributed Denial of Service：分散型サービス拒否) 攻撃**の対策が必要です。DDoS 攻撃は、ターゲットとなるサービスに対して、複数のマシンから大量の処理要求を行うことでサービスを過負荷状態にし、停止に追い込む悪意のある攻撃です。

DDoS 攻撃は、ユーザー側での対策が難しいため、**Azure DDoS Protection** を利用し、Azure 側で対処することが推奨されます。Azure DDoS Protection では、常時、DDoS 攻撃を監視し、ユーザーの介入なしに自動的に危険性を軽減します。

4.2 コア Azure Identity サービス

クラウドアプリケーションを特定のユーザーに利用させるには、認証と承認が必要です。

認証と承認の概念

クラウドアプリケーションのセキュリティの基本的な概念に、**認証**と**承認**があります。

▶ 認証

「自分が誰であるか」を証明する手続きを**認証**と呼びます。認証の例としては、ユーザー名とパスワードの**資格情報**を使用した「サインイン」があります。

▶ 承認

「自分に何ができるか」を確認する手続きを**承認**と呼びます。承認の例としては、サインインの資格情報と、操作可能な範囲を示すアクセスコントロールリスト（Access Control List：ACL）を照らし合わせる「アクセス可否の判断」があります。

認証

・「自分が誰であるか」を証明する手続き
・サインイン

承認

・「自分に何ができるか」を確認する手続き
・アクセス可否の判断

図 4.2-1　認証と承認

Azure Active Directory（Azure AD）

クラウドアプリケーションに認証と承認の枠組みを提供するサービスが、**Azure Active Directory**（以下、**Azure AD**）です。ユーザーは Azure AD に一度サインインすれば、資格情報の代わりとなる**セキュリティトークン**を取得できます。そして、対応するすべてのクラウドアプリケーションへセキュリティトークンを渡すことで、以降は個別にサインインせずに利用できます。これを**シングルサインオン**と呼びます。現在、Office 365 をはじめ、Salesforce や Google などの多くのクラウドアプリケーションが Azure AD に対応しています。

なお、前述の Azure ポータルも、Azure AD に対応したクラウドアプリケーションの1つです。

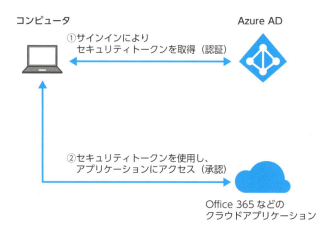

図 4.2-2　Azure AD による認証と承認

> **POINT!**
>
> Azure ポータルは、Azure AD に対応したクラウドアプリケーションの1つである。

Azure AD Connect

多くの企業が、Windows Server が提供する認証サービスである **Active Directory Domain Services**（以下、**AD DS**）を社内に構築しています。Azure AD が、インターネット向けの認証と承認のサービスであるのに対して、AD DS は、社内向けの認証と承認のサービスです。

Azure AD では、独自にユーザーを作成できますが、すでに AD DS が構築済みであれば、無料で提供される **Azure AD Connect** を利用して、AD DS ユーザーをそのまま、Azure AD へコピーすることができます。これを「**同期**」といい、Azure AD でのユーザーの作成作業を省略できます。また、この同期ではパスワードも同期できるため、ユーザーは、AD DS と Azure AD の両方で同じユーザー名と同じパスワードが使え、利便性が向上します。

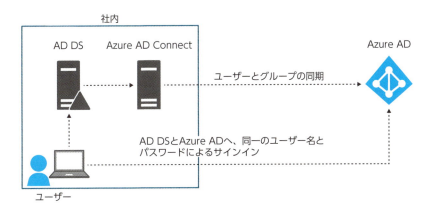

図 4.2-3　Azure AD Connect による AD DS と Azure AD の同期

> **POINT!**
>
> Active Directory Domain Services（AD DS）は社内の認証サービス、Azure AD はクラウドの認証サービスである。

第4章　セキュリティ、プライバシー、コンプライアンス、信用

Azure マルチファクタ認証

　Azure AD の認証は、ユーザー名とパスワードの組み合わせによるサインインで行われています。これは、ユーザー名とパスワードが盗み取られると、成りすましの被害にあう危険性が高くなることを意味します。そのため、重要なユーザーには、オプションの **Azure マルチファクタ認証（多要素認証）** を有効化します。

　Azure マルチファクタ認証では、ユーザー名とパスワードのような「知っていること」とは別に、「持っているもの（例：携帯電話）」などの複数の要素（多要素）を利用して認証を行います。具体例として、ユーザー名とパスワードの入力が完了すると、ユーザーに関連付けられている携帯電話が鳴り、音声ガイダンスが流れます。その音声ガイダンスに従って、＃（シャープ）を押すと、初めてサインインが完了します。これであれば、ユーザー名とパスワードが盗まれても、携帯電話が物理的に盗まれない限り、成りすましは防げます。特に Azure 管理者には、Azure マルチファクタ認証を有効化することが推奨されます。

88

4.3 Azure のセキュリティツールと機能

Azure には、リソースおよびアプリケーションのセキュリティを強化するサービスやツールが豊富に用意されています。

Azure Security Center

Azure のセキュリティ管理において中心的な役割を果たすサービスが、**Azure Security Center** です。Azure Security Center は、攻撃を受ける前（事前対策）と受けた後（事後対策）の両方のセキュリティ対策を支援します。

図 4.3-1　Azure Security Center によるセキュリティ対策の表示

▶ 攻撃を受ける前の対策（事前対策）

セキュリティのベストプラクティスに従って、現在のセキュリティ体制を評価し、

そのセキュリティレベルを数値化した**セキュリティスコア**を表示します。また、セキュリティスコアを上げるための推奨事項も提示します。推奨事項は、「仮想マシンでディスクの暗号化を適用する必要があります」などとわかりやすく表示され、推奨事項によっては、ワンクリックで自動的に構成することもできます。

▶ 攻撃を受けた後の対策（事後対策）

Azure Security Center は攻撃を検出し、セキュリティアラートとして管理者へ連絡します。さらに、攻撃を修復するために必要な手順を表示してくれるので、素早い対応が可能です。

Azure Key Vault

Azure Key Vault は、アプリケーション内で使用する個人情報やパスワードなどの機密情報を、アプリケーションから分離し、安全に保存するためのサービスです。本来、Azure Key Vault は開発者が使用するサービスですが、管理者も次の2つの用途で利用することがあります。

▶ 証明書を安全に管理するため

Azure Key Vault を使用すると、アプリケーションが利用するための SSL の証明書を作成し、その証明書を安全に管理することができます。

▶ ARM テンプレートのパラメーターを安全に管理するため

Azure のリソースを自動生成する ARM テンプレート内には、ユーザー名やパスワードなどの重要なパラメーターを書き込むことができます。しかし、ARM テンプレートが漏えいした場合、そのパラメーターが悪用されるおそれがあります。

そこで、重要なパラメーターは Azure Key Vault に格納し、ARM テンプレートの実行時に Azure Key Vault より読み出すことが推奨されています。これにより、万が一、ARM テンプレートが漏えいしても、パラメーターが悪用される心配はありません。

Azure AD Identity Protection

　Azureのセキュリティの要であるAzure ADには、ハッカーによるさまざまな攻撃が予想されます。これらの攻撃には、**Azure AD Identity Protection**による防御が有効です。Azure AD Identity Protectionは、Azure ADに対する疑わしい操作を検出し、警告するサービスです。たとえば、ランダムなIPアドレスを使った**匿名のIPアドレス**からの、Azure ADへのサインインを検出することができます。また、疑わしい操作を検出した場合、そのユーザーアカウントのブロックや、多要素認証の要求、**パスワードの変更の要求**など、さまざまな対処を強制することが可能です。

図4.3-2　Azure AD Identity Protectionによる危険なサインインの検出

> **POINT!**
>
> Azure AD Identity Protectionとよく似た名前のサービスに、**Azure Advanced Threat Protection (ATP)** がある。Azure Advanced Threat Protection (ATP) は、**オンプレミスのActive Directory Domain Services (AD DS)** に対する悪意のある攻撃を検出し、警告するサービスである。これらのサービスを区別し、混同しないように注意する。

Azure Information Protection (AIP)

Officeドキュメントや電子メールの漏えいを防止するサービスが、**Azure Information Protection**(以下、**AIP**)です。AIPでは、ドキュメントや電子メールを暗号化し、無関係の第三者によるアクセスを禁止します。また、Officeアプリケーションと連携し、コピー・貼り付け、印刷、転送などの操作メニューを無効化したり、Windowsのプリントコピー機能を無効化したりできます。これらの機能によって、AIPはユーザーの故意または不注意による情報漏えいを阻止します。

AIPでは、Officeドキュメントや電子メール内の特定のキーワードを検出し、自動的に保護することもできます。たとえば、Wordドキュメント内に「機密情報」というキーワードがあると、自動的にドキュメントを保護した上で、「社外秘」という**透かし文字**を入れることができます。

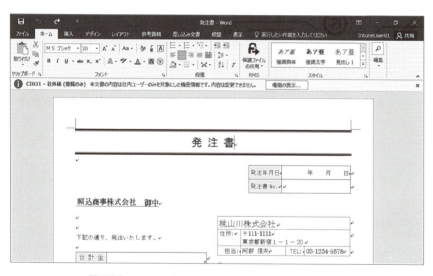

図4.3-3 　Azure Information Protectionによる文章の保護

> **POINT!**
>
> AIPは、ドキュメントと電子メールを暗号化し、情報漏えいを防ぐ。

4.4 Azure ガバナンス手法

　組織は、その規模にかかわらず、法律や社会的な倫理を厳守する**コンプライアン
ス**を徹底する必要があります。そして、コンプライアンス違反を防ぐには、ルール
を作り、それを守るように管理する**ガバナンス**が重要です。Azure には、クラウド
のコンプライアンスとガバナンスを管理するサービスや機能が用意されています。

ロールベースのアクセスコントロール（RBAC）

　Azure の管理者の権限を厳密化することは、クラウドのガバナンスの基本です。
Azure では、利用開始直後、**サービス管理者**が用意されていますが、サービス管理
者はすべての管理操作ができる完全アクセス権限を持っているため、常用での利用
はかなり危険です。別途、ユーザーを作成し、必要最低限の権限を与えることが重
要です。Azure Resource Manager の機能である「ロールベースのアクセスコント
ロール（Role Based Access Control。以下、RBAC）」を使用すれば、必要最低限の
アクセス権限をユーザーに割り当てることができます。RBAC は、サブスクリプショ
ン、リソースグループ、リソースの 3 階層それぞれに対するアクセス権を、ユーザー
に割り当てることができ、アクセス権の種類も、閲覧だけや、それ以外、つまり作
成や削除など詳細に設定できます。

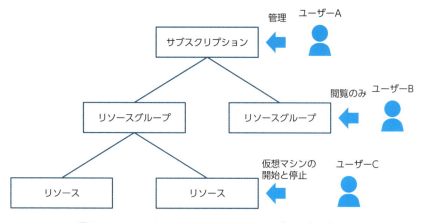

図 4.4-1　ロールベースのアクセスコントロール (RBAC) の仕組み

> **POINT!**
>
> アクセス権限は、サブスクリプション、リソースグループ、リソースの順番で継承されるため、上層に割り当てたアクセス権限は、下層でも有効である。

Azure ポリシー

　前述の RBAC を使用すれば、リソースの閲覧や、作成、削除などの**操作を制限**することができます。しかし、たとえば、「ストレージアカウントの作成場所を東日本リージョンに制限する」ことや、「仮想マシンのディスクの種類を SSD に制限する」などの**プロパティの制限**はできません。これを行うには、**Azure ポリシー**を使用します。

　Azure ポリシーは、リソースに対してさまざまなルールと効果を適用し、コンプライアンスに準拠させるサービスです。Azure ポリシーを使用するには、最初の手順として、JSON 形式で記述されたポリシー定義を作成します。

```
{
    "policyRule": {
        "if": {
```

```
            "not": {
                "field": "location",
                "in": ["japaneast","japanwest"]
            }
        },
        "then": {
            "effect": "deny"
        }
    }
}
```

図 4.4-2　(例) リソースの場所を東日本リージョンまたは西日本リージョンに制限するポリシー定義

なお、オプションの**イニシアティブ定義**を作成すれば、複数のポリシー定義をまとめることができます。

次の手順として、ポリシー定義またはイニシアティブ定義を、サブスクリプションまたはリソースグループに割り当てます。ポリシー定義を割り当てる際、すでに作成済みのリソースは、**その影響を受けません**。つまり、勝手にリソースのプロパティが修正されたり、リソースが削除されたりすることはありません。ただし、リソースがポリシーに準拠していなければ、「コンプライアンスに準拠していないリソース」として Azure ポータルに表示されます。

図 4.4-3　Azure ポリシーによるポリシーに準拠していないリソースの表示

Azure Blueprints

サブスクリプションに対して、組織のコンプライアンスに準拠したAzureポリシーやRBACを**迅速に割り当てる**機能が、**Azure Blueprints**です。AzureポリシーやRBACを指定したテンプレートを作成し、サブスクリプションに割り当てることで、そのサブスクリプションへ自動的にAzureポリシーやRBACを適用できます。また、テンプレートには、リソースグループやARMテンプレートを追加することもできるので、組織に必須となっているリソースグループやリソースをサブスクリプションへ自動的に割り当てることも可能です。

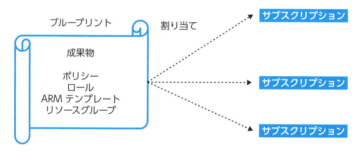

図 4.4-4　Azure Blueprintsによるサブスクリプションの自動構成

ロック

1週間かけて作りこんだ仮想マシンであっても、誤って「削除」ボタンをクリックすると、一瞬で消えてしまいます。このような悲劇を防ぐには、リソースに**ロック**を追加します。ロックは、Azure Resource Managerの機能であり、次の2種類が用意されています。

表 4.4-1　ロックの種類

種類	説明
削除	削除を禁止します。
読み取り専用	削除および変更を禁止します。

4.4 Azure ガバナンス手法

　ロックされたリソースは、その種類に応じて削除や変更が禁止されます。また、ロックは、リソースだけでなく、リソースグループにも追加できます。リソースグループにロックを追加した場合、そのリソースグループ内のすべてのリソースの削除や変更が禁止されます。

　ロックを解除するには、**明示的にロックを削除**する必要があります。たとえば、削除ロックを追加した本人であっても、削除ロックを削除するまで、リソースの削除はできません。

> **POINT!**
>
> ロックを解除するには、ロックそのものを削除する必要がある。

4.5 Azureの監視とレポートオプション

　Azureでは、さまざまなサービスが独自にログを収集しています。これらのログをまとめて監視できるサービスが、**Azureモニター**です。ここでは、Azureモニターの主な機能を紹介します。

図 4.5-1　Azure モニター

アクティビティログ

　アクティビティログは、以前、「操作ログ」や「監査ログ」と呼ばれていました。この呼び名から想像できるように、アクティビティログはAzureでの管理操作を記録しています。アクティビティログを確認すれば、「誰がいつ何をしたか」を調査することが可能です。なお、アクティビティログは自動的に記録されているため、何も設定は要りません。

4.5 Azure の監視とレポートオプション

図 4.5-2　アクティビティログの検索と表示

アクティビティログの保管期間は 90 日間で、この日数を変更することはできません。そのため、より長期間にわたってアクティビティログを保管したい場合は、次の方法を検討します。

- Azure Storage にアクティビティログをエクスポートします。
- Azure Event Hubs を経由して、サードパーティの SIEM と呼ばれるログ分析ソリューションにアクティビティログをエクスポートします。Azure Event Hubs は、システム間でデータを中継するサービスです。
- Azure Log Analytics へアクティビティログを転送します。Azure Log Analytics については、101 ページ「Azure Log Analytics」を参照してください。

Azure サービス正常性

アプリケーションが突然停止した場合、その原因が Azure データセンター側にあるのかアプリケーション側にあるのかを切り分けることが重要です。Azure データセンター側の障害であれば、**Azure サービス正常性**で確認できます。

第4章　セキュリティ、プライバシー、コンプライアンス、信用

図 4.5-3　Azure サービス正常性の表示 (サービスに異常がない状態)

　Azure サービス正常性では、**計画メンテナンス**がいつ行われるかを確認することも可能です。計画メンテナンスは、Azure データセンターに対してマイクロソフト社が行うメンテナンス作業で、年1回程度行われます。メンテナンス作業によってはサービスの停止が発生するため、計画メンテナンスを監視することが重要です。

　なお、Azure サービス正常性には、**Azure モニター**だけでなく、Azure ポータルの画面左にある**「ヘルプとサポート」**からもアクセスできます。

> POINT!
>
> Azure サービスの正常性の確認は、Azure モニターまたは「ヘルプとサポート」からアクセスする。

4.5 Azure の監視とレポートオプション

図 4.5-4　ヘルプとサポート

Azure Log Analytics

Azure Log Analytics は、「Analytics（分析）」という名前のとおり、ログの監視と分析を行うサービスです。もともと Azure Log Analytics は、Azure の独立したサービスとして提供されていましたが、現在は Azure モニターの機能の 1 つとなっています。Azure Log Analytics は、次ページに示す 3 つの機能を提供します。

>> POINT!

Azure Log Analytics は、現在、「Azure モニターログ」と呼ばれているが、試験では以前のまま、Azure Log Analytics として出題されることが多い。

101

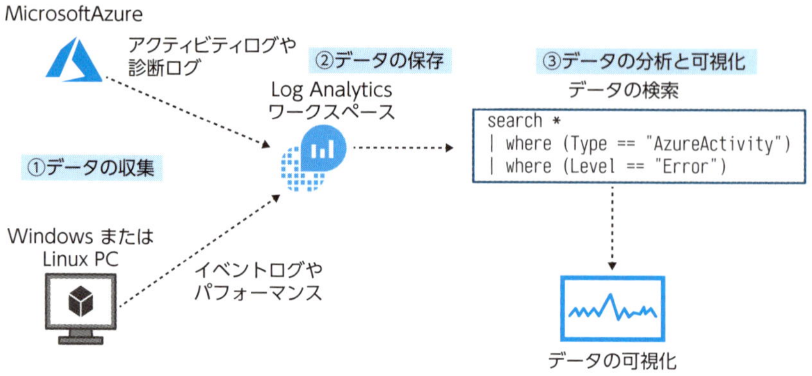

第4章　セキュリティ、プライバシー、コンプライアンス、信用

図 4.5-5　Azure Log Analytics の全体像

▶ データの収集

　Azure のアクティビティログや、各種リソースが生成する診断ログ、およびパフォーマンス情報を収集します。また、Windows または Linux に対応した Log Analytics エージェントを利用することで、OS 固有のログやパフォーマンス情報を収集することも可能です。Log Analytics エージェントは、Azure 仮想マシンだけでなく、AWS などの別クラウドの仮想マシンや、オンプレミスの物理マシンにインストールでき、マルチクラウドやハイブリッドクラウドの監視も実現できます。

▶ データの保存

　収集したデータは、Log Analytics 内の**レポジトリ**に格納されます。データの保存期間は最短1か月から最長2年まで設定可能です。

▶ データの分析と可視化

　レポジトリに格納したデータは、Log Analytics 独自の検索言語を自由に使って検索できます。また、検索結果を表やグラフで可視化することも可能です。

4.6 Azure のプライバシー、コンプライアンス、データ保護基準

一部の業界では、特定のプライバシーやコンプライアンス認証を取得していないデータセンターでのシステムの運用を禁止しています。そのため、Azure がどのようなプライバシーとコンプライアンス認証を取得しているかを、あらかじめ確認しておく必要があります。また、リージョンによって、データの保護基準が異なるため、適切なリージョンを選択することも重要です。

トラストセンター

Azure を含むマイクロソフト社製品のセキュリティ、プライバシー、コンプライアンスの最新情報を提供する Web ポータルが、トラストセンター（https://www.microsoft.com/ja-jp/trust-center）です。トラストセンターには、**Azure が取得済みのコンプライアンス認証**を確認するページも用意されています。

図 4.6-1 トラストセンターにおける取得済みのコンプライアンス認証

第4章　セキュリティ、プライバシー、コンプライアンス、信用

> **POINT!**
>
> Azure が取得済みのプライバシーとコンプライアンス認証は、トラストセンターで確認できる。

Azure リージョンの選択

　現在、Azure は、全世界に 54 のリージョンを公開していますが、それらのうち一部のリージョンは、利用者や用途が限定された特別なリージョンです。用途に応じて、最適なリージョンを選択します。

▶ Azure Global

　多くの Azure リージョンは **Azure Global** です。Azure Global は Azure の一般的なリージョンであり、**誰でも**利用できます。東日本リージョンや西日本リージョンは Azure Global のリージョンの1つです。

▶ Azure Government

　米国の政府機関とそのパートナーのみが利用できる Azure リージョンです。関係者以外は利用できません。Azure Government は、米国の政府機関が定める高いコンプライアンスとセキュリティの要件を満たしています。州政府や地方自治体から、米国国防総省を含む連邦政府機関までのあらゆるレベルの政府機関が、Azure Government を使用しています。

▶ Azure Germany

　ドイツには、「ドイツ市民のすべてのデータはドイツ国内に保存しなくてはならない」という厳しい規則があります。この規則に準拠している特別な Azure のリージョンが **Azure Germany** です。Azure Germany は、ドイツのフランクフルトとマクデブルクのデータセンターを使用し、他の Azure リージョンからは完全に分離されています。なお、Azure Germany は専用のアカウントを必要としますが、データをドイツ国内に保存する必要があるユーザーや企業なら**誰でも**利用できます。

104

▶ Azure China

Azure の中国のリージョンが **Azure China** です。Azure China は、中国のインターネットプロバイダーである 21Vianet が独自に運用しており、**中国の現地法人のみ**が利用できます。

> **POINT!**
>
> Azure Government、Azure Germany、Azure China は、利用者と用途が制限される。

第 4 章 セキュリティ、プライバシー、コンプライアンス、信用

章末問題

Q1 あなたの会社では、インターネットに公開された仮想マシンに対して、特定の通信のみにアクセスを制限したいと考えています。最適なソリューションを 2 つ選択してください。

　　A. 仮想ネットワークゲートウェイ
　　B. ネットワークセキュリティグループ
　　C. Azure ExpressRoute 回線
　　D. Azure Firewall

解説

　仮想マシンの通信を制限するには、ファイアウォールが有効です。Azure には、ネットワークセキュリティグループと Azure Firewall の 2 種類のファイアウォールがあります。よって、**B** と **D** が正解です。ネットワークセキュリティグループは、個々の仮想マシンを保護するパーソナルファイアウォールです。これに対して Azure Firewall は、サブネットを保護するネットワークファイアウォールです。これらは、どちらか一方だけ、または両方を同時に使用することができます。

[答] B、D

Q2 あなたの会社では、ARM テンプレートによる仮想マシンの展開を検討しています。ただし、ARM テンプレート内に、ユーザー名やパスワードなどの資格情報を含めることは避けたいと考えています。ARM テンプレートと組み合わせて使用する最適なソリューションを 1 つ選択してください。

　　A. Azure Security Center
　　B. ネットワークセキュリティグループ
　　C. Azure Key Vault
　　D. Azure Information Protection

解説

ARM テンプレート内にユーザー名やパスワードを含めていると、万が一、そのテンプレートが漏えいしたときに資格情報も漏えいしてしまうリスクがあります。このリスクを避けるには、ARM テンプレート内に資格情報を含めず、代わりに Azure Key Vault に資格情報を保存し、ARM テンプレートの実行時に読み出します。これにより、ARM テンプレートが漏えいしても、資格情報が漏えいすることはありません。よって、**C** が正解です。

A. Azure Security Center は、攻撃を受ける前と受けた後のセキュリティ対策を提示するサービスです。

B. ネットワークセキュリティグループは、仮想マシンに割り当てて通信を制限するパーソナルファイアウォールです。

D. Azure Information Protection は、Office ドキュメントや電子メールの漏えいを防止するサービスです。

[答] C

Q3 あなたの会社では、Azure AD の導入を検討しています。現在、社内ネットワークには、Active Directory Domain Services（AD DS）が導入済みです。AD DS のユーザーやグループなどのアカウント情報を Azure AD へ移行するための最適なソリューションを 1 つ選択してください。

A. Azure AD Connect を導入し、ディレクトリを同期する

B. AD DS のアカウント情報を CSV ファイルとしてエクスポートし、Azure AD にインポートする

C. Azure AD に Guest ユーザーを作成し、すべての AD DS アカウントに関連付けする

D. Active Directory Federation Services（AD FS）を導入し、フェデレーションを構成する

解説

Azure AD Connect を導入すれば、Active Directory Domain Services（AD DS）のユーザーやグループを Azure AD へ同期（コピー）することができます。よっ

第 4 章　セキュリティ、プライバシー、コンプライアンス、信用

て、**A** が正解です。ディレクトリの同期は、管理者と利用者双方にとってメリット
があります。管理者は、AD DS の 1 つのディレクトリだけを管理すればよく、ま
た、利用者は、同じユーザー名とパスワードでそれぞれのディレクトリにサインイ
ンすることができます。なお、Azure AD Connect の導入後、選択肢 D の Active
Directory Federation Services（AD FS）を追加導入すると、利用者は、AD DS にサ
インインするだけで、Azure AD にも自動的にサインインできる「シングルサインオ
ン」が実現できます。

[答]　A

Q4　Azure Information Protection を導入することで、保護可能なデータを
1 つ選択してください。

　　A. Azure AD ユーザーのパスワード

　　B. Azure Storage の BLOB

　　C. 仮想マシンのディスク

　　D. ドキュメントや電子メール

解説

　Azure Information Protection（AIP）は、Word や Excel などのドキュメント
や Outlook の電子メールを暗号化し、機密データの第三者による閲覧を禁止する
Azure のサービスです。よって、**D** が正解です。

[答]　D

Q5　Azure ポリシーを導入する手順を適切に並べ替えてください。

手順 1	
手順 2	
手順 3	
手順 4	

章末問題

A. イニシアティブ定義を作成する

B. ポリシー定義を作成する

C. サブスクリプションやリソースグループにイニシアティブ定義を割り当てる

D. 準拠していないコンプライアンスを確認する

4

解説

Azureポリシーを導入するには、次の4つの手順を実行します。

まず、(1) ポリシー定義を作成します。ポリシー定義とは、リソースの作成時のパラメーターの値を制限するJSONドキュメントです。たとえば、リージョンのパラメーターを東日本と西日本に制限でき、国外へのリソースの作成を禁止できます。次に、(2) イニシアティブ定義を作成します。イニシアティブ定義は、複数のポリシー定義をグループ化したものです。さらに、(3) イニシアティブ定義をサブスクリプションまたはリソースグループに割り当てます。これにより、Azureポリシーが有効化されます。最後に、(4) Azureポータルの「準拠していないコンプライアンス」でAzureポリシーに違反しているリソースを確認し、必要に応じて修正します。

よって、正解は、[答]欄の表のとおりです。

[答]

手順1	**B.** ポリシー定義を作成する
手順2	**A.** イニシアティブ定義を作成する
手順3	**C.** サブスクリプションやリソースグループにイニシアティブ定義を割り当てる
手順4	**D.** 準拠していないコンプライアンスを確認する

Q6 あなたの会社では、操作ミスによるリソースの喪失を阻止することを検討しています。リソースに対して削除と上書きの両方を禁止する予定です。最適なソリューションを1つ選択してください。

A. リソースの属性として読み取り専用をチェックする

B. リソースに読み取り専用ロックを追加する

C. リソースに削除ロックを追加する

D. リソースに読み取り専用ロックと削除ロックの両方を追加する

109

第 4 章　セキュリティ、プライバシー、コンプライアンス、信用

解説

　ユーザーの不注意によるリソースの上書きや削除を禁止することを、「ロック」といいます。これは、Azure Resource Manager の機能の 1 つで、削除ロックと読み取り専用ロックの 2 種類があります。削除ロックは、リソースの削除のみを禁止しますが、読み取り専用ロックは、リソースの上書きと削除の両方を禁止します。よって、**B** が正解です。

[答] B

Q7　あなたの会社では、Azure Blueprints を使用して、会社のコンプライアンスにサブスクリプションを準拠させたいと考えています。Azure Blueprints により、サブスクリプションに割り当てることができるものを 2 つ選択してください。

　A. Azure ポリシー

　B. リソースのアクセス許可（RBAC）

　C. 監査ログの有効化

　D. リソースのタグ

解説

　Blueprints では、成果物として、Azure ポリシーと RBAC、そして、各種のリソースの作成を割り当てることができます。よって、**A** と **B** が正解です。

[答] A、B

Q8　あなたの会社では、アクティビティログを外部にエクスポートし、保管する予定です。検討すべきソリューションを 2 つ選択してください。

　A. Azure Storage

　B. Azure Data Box

　C. Azure Data Factory

　D. Azure Event Hubs

110

章末問題

解説

　アクティビティログには、過去90日分の操作履歴が保存されています。もし、90日を超えるアクティビティログを保存したい場合は、Azure Storageへエクスポートするか、またはAzure Event Hubsを介して、サードパーティのログ分析ソリューション（SIEM）へとエクスポートします。たとえば、Azure Event Hubsを使用すれば、アクティビティログをSyslogサーバーへエクスポートすることができます。よって、**A**と**D**が正解です。

B. Azure Data Boxは、大量のデータを社内とAzure Storage間でオフライン転送するサービスです。

C. Azure Data Factoryは、大量のデータの統合、集計、変換を行うサービスです。

［答］A、D

Q9 あなたの会社では、Azure仮想マシンと社内データセンターにある物理サーバーのWindowsコンピューターをまとめて監視したいと考えています。
解決策：Azure Log Analyticsを採用する
この解決様は要件を満たしていますか？

A. はい
B. いいえ

解説

　Azure Log Analyticsは、Microsoft Azureや他のクラウド、社内データセンターに対応した分析監視サービスです。WindowsコンピューターにLog Analyticsエージェントをインストールすることで、Azure仮想マシンだけでなくオンプレミスの物理サーバーやHyper-V仮想マシン、VMware仮想マシン、さらにAWS EC2インスタンスなどの外部クラウドに至るまでのさまざまな環境を監視できます。よって、**A**が正解です。

［答］A

111

第 4 章　セキュリティ、プライバシー、コンプライアンス、信用

Q10 Azure Government を使用できる顧客として最適なものを 2 つ選択してください。

A. 米国の政府機関

B. 米国の政府請負業者

C. カナダの政府機関

D. ヨーロッパの政府機関

解説

　Azure Government は、米国の政府機関とそのパートナー専用の Azure リージョンです。米国政府の要求するコンプライアンスとセキュリティの要件を満たしています。よって、**A** と **B** が正解です。

[答] A、B

第5章

Azure の料金プラン
およびサポート

Azure の料金は、使用した分だけを月末に支払う**従量課金制**です。この課金は、料金プランに従いサブスクリプション単位で行われます。また、Azure の技術サポートを受けるには、有料のサポートプランに加入する必要があります。

本章では、Azure の料金プランやサポートプランなどを紹介します。

5.1 Azure サブスクリプション

　Azure を利用するには、まず、**Azure サブスクリプション**を作成します。Azure サブスクリプションとは、Azure の契約のことです。Azure を初めて使用する場合は、一定の条件のもと無料で利用できる**無料試用版サブスクリプション**を活用することも可能です。

Azure サブスクリプション

　Azure へのサインアップを行うと、**Azure アカウント**と **Azure サブスクリプション**が作成されます。

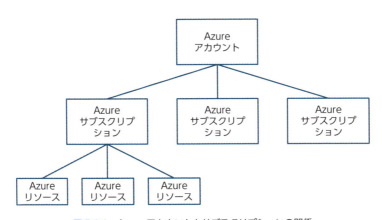

図 5.1-1　Azure アカウントとサブスクリプションの関係

　仮想マシンやストレージアカウントなどの Azure リソースは、すべて Azure サブスクリプション内に作成され、この Azure サブスクリプションに対して課金されます。また、Azure アカウントには、複数の Azure サブスクリプションを作成できます。企業が複数のサブスクリプションを保持する主な理由は、次のとおりです。

▶ 支払いを分割したい、支払い方法を変更したい

Azure のリソースの使用料金は、Azure サブスクリプションごとにまとめて請求されます。たとえば、営業部や開発部などのそれぞれ個別のサブスクリプションを用意しておけば、部門ごとの請求書が発行されるため、付け替え請求が簡単に行えます。

▶ リソース数の制限を緩和したい

Azure には、「リージョンあたりの仮想マシンの合計コア数は 20 まで」、「ストレージアカウント数は 250 まで」などの制限があります。このような制限のことを**クォータ**と呼びます。クォータは、たとえばスクリプトの不具合で大量の仮想マシンが作成されるなどして、月末に莫大な請求が発生することを防ぐ安全装置として機能します。しかし、実際には、この制限以上のリソースの作成が必要な場合もあります。その場合は、事前申請によりクォータを緩和することが可能です。この申請は、サブスクリプション単位で行います。たとえば、開発部のサブスクリプションは、テストのために仮想マシンの合計コア数を 100 に緩和することができます。

▶ アクセスを分割したい

サブスクリプションには、そのサブスクリプション全体をフルコントロールでアクセスできる**サービス管理者**が割り当てられています。サブスクリプションが異なれば、当然、サービス管理者も異なるため、アクセスを完全に分割できます。たとえば、営業部と開発部のサブスクリプションを分離すれば、営業部のサービス管理者が、開発部のリソースを操作することはできません。

▌無料試用版サブスクリプション

無料試用版サブスクリプションは、**すべての Azure サービス**を無料で試用できます。これは、**新規のユーザー 1 名につき、1 回のみ**取得できます。新規のユーザーとは、まだ Azure を使ったことがない、または Azure に対して支払いをしたことがないユーザーを意味します。

無料試用版サブスクリプションを作成するには、Web サイト（https://azure.microsoft.com/ja-jp/free/）から簡単なサインアップを行います。サインアップから 30 日間が経過するか、またはリソースを 22,500 円以上使用すると、すべての使用が停止してアクセスできなくなるので、注意が必要です。なお、30 日以内にサブスク

リプションを無料試用版から従量課金制にアップグレードすれば、無料試用版で作成したリソースを引き続き使用することができます。また、一部のサービスについては、さらに12か月間、無料で利用できます（ただし、無料サービス以外は課金されます）。

図 5.1-2　Azure 無料試用版サブスクリプションのサインアップページ

> **POINT!**
>
> 無料試用版サブスクリプションは、**新規のユーザー1名につき、1回のみ**取得できる。

リソースのサブスクリプション間の移動

　サブスクリプション内の仮想マシンやストレージアカウントなどのリソースは、別のサブスクリプションへ移動させることができます。この操作は、複数のサブスクリプションを1つにまとめる際などに必要です。サブスクリプション間でのリソースの移動は、**ユーザー自身**が Azure ポータルを使用して行います。なお、仮想マシンの場合は、ディスクやネットワークインターフェイスなどの関連するリソースも一緒に移動させる必要があります。

5.1 Azure サブスクリプション

リソースの移動には、次のような特徴があります。

- ほとんどの種類のリソースは移動が可能ですが、ごく一部のリソースについて は移動ができなかったり、移動に制限があったりします。
- リソースの移動中、その移動元と移動先の両方のリソースグループがロックされます。ロック中は、リソースグループでの新しいリソースの作成やリソースの削除が禁止されます。
- リソースの移動中でも、リソースは操作できます。たとえば、仮想マシンのリソースの移動中でも仮想マシンは操作可能で、ダウンタイム（稼働停止時間）は発生しません。

POINT!

サブスクリプション間でリソースを移動しても、ダウンタイムは発生しない。

第 5 章　Azure の料金プランおよびサポート

5.2 コストの計画と管理

Azure のコスト

Azure の料金は、使用した分だけを支払う**従量課金制**です。その料金は、リージョンによっても異なります。たとえば、同じストレージアカウントでも、東日本リージョンと米国東部リージョンでは料金が異なる点に注意してください。

次に、主な Azure サービスの料金例を紹介します。

▶ 仮想マシンの料金

仮想マシンは、その実行時間に対して**秒単位**で課金されます。停止している仮想マシンは課金されません。したがって、夜間や週末などに小まめに仮想マシンを停止すれば、月額のコストを大幅に削減できます。仮想マシンと関連した OS やデータのディスク、送信データ量、**パブリック IP アドレス**には、別途、追加料金が発生します。パブリック IP アドレスは、インターネットからアクセスされる場合に必要なリソースです。

▶ ストレージアカウント（BLOB）の料金

ストレージアカウントの作成は無料ですが、ストレージアカウントにデータを格納すると、その**データサイズ**にもとづいて課金されます。この他、読み取りと書き込みの操作数や、送信データ量には、別途、追加料金が発生します。なお、送信データ量にもとづく料金とは、ストレージから送信されるデータのサイズに対する課金を指します。同じリージョン内であれば、送信データ量にもとづく料金は、無料です。また、ストレージが受信するデータも無料です。

118

▶ 仮想ネットワークの料金

仮想ネットワークやサブネットの作成は無料です。仮想ネットワークに仮想ネットワークゲートウェイ（VPN ゲートウェイや ExpressRoute ゲートウェイ）を作成した場合やピアリング接続を行った場合は、別途課金されます。

▶ Azure AD の料金

第 4 章で述べたように、Azure AD は、クラウドアプリケーションに認証と承認の枠組みを提供するサービスです。既定の Azure AD Free（無料の Azure AD）の場合、ユーザーやグループの作成などの管理をすべて無料で利用できます。

> **POINT!**
>
> 使用していないストレージアカウントや仮想ネットワークは無料であるが、使用していないパブリック IP アドレスは有料である。

Azure コスト管理（Cost Management）

Azure には、サブスクリプション内で使用中のリソースをすべて追跡し、コストを分析するサービスとして、**Azure コスト管理**が用意されています。

Azure コスト管理は、Azure ポータルに統合されており、使いやすいダッシュボードでコストを監視することができます。使い方の一例として、あらかじめ各リソースの**タグ**に利用部門名を登録しておけば、部門ごとのコストのレポートを簡単に生成できます。この他、Azure コスト管理では、事前に設定した予算を超えた場合に、アラートで管理者に通知する便利な機能が用意されています。

第 5 章　Azure の料金プランおよびサポート

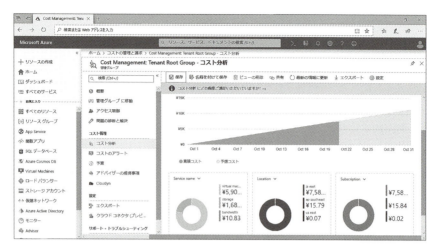

図 5.2-1　Azure コスト分析の月間レポート

> **POINT!**
>
> Azure コスト管理は、当初、**エンタープライズ契約 (Enterprise Agreement：EA)** のユーザーのみに提供されていたが、現在は従量課金契約のユーザーも利用できるようになっている。

5.3 Azureで利用可能なサポートオプション

　Azureについて疑問や質問がある場合は、Azureサポートエンジニアへ問い合わせることができます。問い合わせを行うには、**Azureポータル**の「ヘルプとサポート」から**サポートリクエスト**を作成し、送信します。サポートリクエストとは、質問の種類や内容、その詳細を記述したものです。

図 5.3-1　新しいサポートリクエストの作成

　現在、無料または有料の下記の**サポートプラン**が用意されており、技術的な質問を行う場合は、有料のサポートプランに加入する必要があります。

▶ BASIC

　無料のサポートプランであり、**技術的なサポートを受けることはできません**。課金、クォータの調整、アカウントの移転などの、サブスクリプションの管理サポートのみを受けることができます。

第5章　Azureの料金プランおよびサポート

▶ DEVELOPER

　開発環境やテスト環境（非運用環境）の技術的なサポートを受けることができます。なお、サポートは、**営業時間内のみ**、**かつ電子メールのみ**のやり取りとなります。

▶ STANDARD

　運用環境の技術的なサポートを受けることができます。サポートは24時間365日で、電話と電子メールでやり取りが可能です。

▶ PROFESSIONAL DIRECT

　STANDARDと同様の技術サポートに加えて、ベストプラクティスにもとづいた設計やオペレーションのサポート、Webセミナーによるトレーニングなどの付加サービスが利用できます。

▶ PREMIER

　Azureだけでなく、マイクロソフト社の製品全般に関する技術的なサポートを行います。事業に大きな影響がある重大な問題には、最短15分以内で応答します。また、専任のテクニカルアカウントマネージャーが割り当てられ、ユーザーの環境に合わせた**アーキテクチャ（設計）レビュー**やパフォーマンスチューニング、構成や実装の支援などのオンサイトサポート（訪問サポート）も行います。

> **POINT!**
>
> 24時間365日の電話と電子メールによるサポートが受けられるAzureのサポートプランは、STANDARD、PROFESSIONAL DIRECT、PREMIERである。

　この他、サポートプランではありませんが、Azureに関する技術的な質問が可能なMSDN（Microsoft Developer Network）のAzureフォーラムもあります。Azureフォーラムでは、マイクロソフト社のエンジニアやAzureコミュニティのエキスパートが回答します。Azureフォーラムは無料で**誰でも**利用可能です。

5.3 Azure で利用可能なサポートオプション

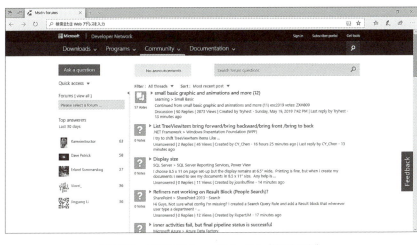

図 5.3-2　MSDN の Azure フォーラム（英語版の例）

第 5 章　Azure の料金プランおよびサポート

5.4　サービスレベル契約

　マイクロソフト社では、Azure の各サービスの**可用性**を、サービスレベル契約（Service Level Agreement：SLA）として保証しています。基本的な Azure サービスの SLA は **99.9%** です。もし、データセンターの障害などで、長時間にわたってサービスが停止し、保証された稼働時間や接続が守れなかった場合は、ペナルティとして、マイクロソフト社はユーザーに対して**サービスクレジット**を発行します。サービスクレジットとは、Azure の利用料金の今後の支払いに使うことができるプリペイドカードのようなものです。

表 5.4-1　（例）単一の仮想マシンの月間稼働率とサービスクレジット

月間稼働率	サービスクレジット
＜ 99.95%（月間 21.9 分以上停止した場合）	10%
＜ 99%（月間 7.3 時間以上停止した場合）	25%
＜ 95%（月間 36 時間以上停止した場合）	100%

　次に、Azure の SLA の例を紹介します。

▶ 仮想マシンの SLA

　すべてのディスクで Premium Storage（SSD ディスク）を使用する単一の仮想マシンでは、99.9% 以上の SLA が保証されます。また、同じ可用性セットに作成された 2 つ以上の仮想マシンでは、99.95% 以上の SLA が保証されます。さらに、2 つ以上の可用性ゾーンに作成された 2 つ以上の仮想マシンでは、99.99% 以上の SLA が保証されます。

▶ Azure AD の SLA

　Azure AD Premium（有料の Azure AD）では、99.9% の SLA が保証されます。なお、**無料の Azure AD Free には SLA の保証はありません**。これらの他、現在、新規契約の受付は行われていない Azure AD Basic でも、99.9% の SLA が保証されて

124

います。

> **POINT!**
>
> 無料のサービスには、SLAの保証はない。

▶ 可用性の異なる複数のサービスで構成されたアプリケーションのSLA

1つのアプリケーションが、可用性の異なる複数のサービスで構成される場合、アプリケーションのダウンタイムを認識するために、**複合SLA**を意識する必要があります。複合SLAは、**各サービスの可用性の積**となります。たとえば、Azure Webアプリ（SLAは99.95%）とAzure SQLデータベース（SLAは99.99%）で構成されたアプリケーションの複合SLAは、99.95% × 99.99% = 99.94%となります。

5.5 Azureのサービスライフサイクル

Azureでは、日々、新しいサービスや機能の開発を続けています。これらの新しいサービスや機能が高い品質を保つように、事前に2種類のプレビューが実施されます。その後、ユーザーからのフィードバックを受けて改良され、一般公開されます。

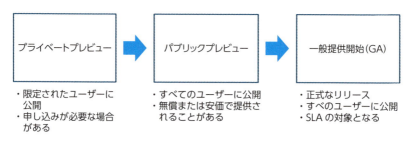

図5.5-1　プレビューから一般提供開始（GA）までの流れ

▶ プライベートプレビュー

限定された一部のユーザーに公開されます。プライベートプレビューでは、事前の申し込みや秘密保持契約（NDA）の締結が必要な場合もあります。

▶ パブリックプレビュー

すべてのユーザーに公開されます。多くの人に評価してもらいたいため、（お試し価格として）無料や半額など**安価に提供**されることがあります。パブリックプレビューは、一般提供が開始されたサービスと同様にAzureポータルから操作が可能です。

▶ 一般提供開始

　正式なリリースであり、別名、GA（General Availability）とも呼ばれています。これは、**すべてのユーザー**に公開されます。標準料金で提供され、SLA の対象となります。また、正式なサポートを受けることもできます。

> **POINT!**
>
> 「プライベートプレビュー」→「パブリックプレビュー」→「一般提供開始」というステップを経て、新しいサービスや機能が公開される。

第5章　Azureの料金プランおよびサポート

章末問題

Q1 <u>アカウント</u>は請求の単位です。下線を正しく修正してください。

A. 変更不要
B. サブスクリプション
C. 試用版サブスクリプション
D. クォータ

解説

Azureの請求は、サブスクリプション単位で発行されます。アカウントは、複数のサブスクリプションをまとめる単位です。よって、**B**が正解です。

[答] B

Q2 あなたの会社では、複数のサブスクリプションを1つに統合することを検討しています。そのためには、分散したリソースを1つのサブスクリプションへ移動させなければなりません。サブスクリプション間でのリソースの移動について、正しいものを1つ選択してください。

A. すべての種類のAzureリソースを移動できる
B. 仮想マシンの移動中、ダウンタイムが発生する
C. ユーザーによる移動はできず、サポートリクエストによる対応が必要である
D. 移動中は、ソースとターゲットのリソースグループがロックされる

解説

ユーザーは、必要に応じてリソースをサブスクリプション間で移動することができます。リソースの移動は、AzureポータルやAzure PowerShellなどを使用してユーザー自身が行えます。ただし、一部、移動ができないリソースや移動に制限のあるリソースもあります。リソースの移動中は、ソース（移動元）とターゲット（移

章末問題

動先）のリソースグループがロックされ、リソースグループ内のリソースの追加や削除、変更はできませんが、リソースそのものは停止せず、ダウンタイムも発生しません。よって、**D** が正解です。

[答] D

| Q3 | Azure 無料試用版について、各特徴が正しい場合は「はい」、正しくない場合は「いいえ」を選択してください。 |

特　徴	は い	いいえ
1 名につき 1 回のみ利用できる	○	○
すべての Azure のサービスが利用できる	○	○
有効期限はなく、クレジット範囲内で利用できる	○	○

解説

　Azure 無料試用版は、22,500 円のクレジットが付与される Azure の無料アカウントです。対象のユーザー1 名につき 1 回のみ利用できます。その際、すべての Azure サービスを利用できます。Azure 無料試用版の有効期間は 30 日で、未使用のクレジットを翌月に持ち越すことはできません。

　よって、正解は [答] 欄の表のとおりです。

[答]

特　徴	は い	いいえ
1 名につき 1 回のみ利用できる	●	○
すべての Azure のサービスが利用できる	●	○
有効期限はなく、クレジット範囲内で利用できる	○	●

| Q4 | あなたの会社では、現在、1 つのサブスクリプションを複数の部門で使用しています。部門ごとの使用量レポートを生成するために、最適な機能を1 つ選択してください。 |

　A. 管理グループ

　B. Azure ポリシー

（選択肢は次ページに続きます。）

129

C. リソースグループ

D. タグ

解説

Azure コスト分析のフィルタリング条件として、タグがよく使用されます。タグは、リソースに割り当てる情報であり、名前と値のペアで構成されています。あらかじめ、各リソースのタグに部門名を登録しておけば、Azure コスト分析で、部門ごとの使用量のレポートを簡単に生成できます。よって、**D** が正解です。

A. 管理グループは、複数のサブスクリプションをまとめて管理するためのグループです。

B. Azure ポリシーは、ユーザーに対してリソースの作成を制限します。

C. リソースグループは、複数のリソースをまとめて管理するためのグループです。

[答] D

Q5 あなたの会社では、未使用のリソースを削除することで、Microsoft Azure のコストを削減することを検討しています。削除することでコスト削減に効果があるリソースを 1 つ選択してください。

A. Azure AD ユーザーアカウント

B. 仮想ネットワーク

C. ネットワークインターフェイス

D. パブリック IP アドレス

解説

Microsoft Azure では、さまざまなリソースを作成できますが、それらの中には有料のものも無料のものもあります。この有料と無料を見極めることが、Microsoft Azure のコスト削減の大きなポイントです。たとえば、Azure AD ユーザーアカウントや仮想ネットワーク、ネットワークインターフェイスの各リソースは無料です。しかし、パブリック IP アドレスのリソースは未使用でも有料です。よって、**D** が正解です。

[答] D

章末問題

Q6 仮想マシンのコストについて、各特徴が正しい場合は「はい」、正しくない場合は「いいえ」を選択してください。

特 徴	は い	いいえ
すべてのリージョンで料金は均一である	○	○
秒単位で課金される	○	○
従量課金制では、いつでも開始と停止ができ、使用した分のみの課金となる	○	○

解説

仮想マシンのコストには、次のような特徴があります。

- 仮想マシンのコストは、仮想マシンの実行時間、ストレージ、データ転送の3つに分けられます。これらのコストは、リージョンによって料金が異なります。
- 仮想マシンの実行時間によるコストは、仮想マシンの実行中のみ課金されます。仮想マシンの停止中は課金されません。また、この実行時間は秒単位で課金されます。従量課金制の場合、いつでも仮想マシンの開始と停止ができます。
- ストレージのコストは、仮想マシンの実行時間に関係なく常に課金されます。
- データ転送のコストは、仮想マシンから送信されるデータのみ課金されます。ただし、データの送信先が同じリージョン内のサービスの場合は無料となります。また、仮想マシンが受信するデータは常に無料です。

よって、正解は [答] 欄の表のとおりです。

[答]

特 徴	は い	いいえ
すべてのリージョンで料金は均一である	○	●
秒単位で課金される	●	○
従量課金制では、いつでも開始と停止ができ、使用した分のみの課金となる	●	○

131

第 5 章　Azure の料金プランおよびサポート

Q7 あなたの会社では、Microsoft Azure のサポートプランへの加入を検討しています。なお、サポートは電子メールと電話で行うことを希望しています。
解決策：DEVELOPER サポートプランに加入します
この解決策は要件を満たしていますか？

A. はい

B. いいえ

解説

　Microsoft Azure のサポートプランのうち、DEVELOPER は、電子メールによるサポートのみに対応しているため、電話で行うという要件を満たしていません。よって、**B** が正解です。なお、上位のサポートプランである STANDARD や PROFESSIONAL DIRECT、PREMIER は、電子メールと電話によるサポートに対応しています。

[答] B

Q8 あなたの会社では、Microsoft Azure のサポートプランへの加入を検討しています。なお、会社の環境に特化した設計レビューをマイクロソフト社に依頼することを希望しています。適切なサポートプランを 1 つ選択してください。

A. DEVELOPER

B. STANDARD

C. PROFESSIONAL DIRECT

D. PREMIER

解説

　Microsoft Azure のサポートプランのうち、Microsoft Azure テクニカルスペシャリストがユーザーの環境に特化した設計レビュー、パフォーマンスチューニング、構成や実装の支援の設計サポートを行うのは、最上級の PREMIER です。よって、**D** が正解です。

132

章末問題

A. DEVELOPER の設計サポートは、一般的なガイダンスのみです。

B. STANDARD の設計サポートは、一般的なガイダンスのみです。

C. PROFESSIONAL DIRECT の設計サポートは、ベストプラクティスにもとづいたガイダンスのみです。

［答］D

Q9 Microsoft Azure では、リソースの稼働時間がサービスレベル契約（SLA）の保証を下回った場合、ユーザーへどのような対応がとられますか？1つ選択してください。

A 自動的に口座に返金される

B. 稼働率に応じてサービスクレジットが提供される

C. Azure のクレジットと引き換え可能なクーポンコードが送付される

D. サービスの使用料金が割引される

解説

Azure のサービスレベル契約（SLA）では、サービスごとに稼働時間が保証されています。もし、月間稼働率が、保証された SLA を満たさなかった場合は、稼働率に応じて、Azure で利用可能なサービスクレジットが提供されます。よって、**B** が正解です。

［答］B

Q10 新しい機能やサービスをいち早く公開し、ユーザーの意見を収集する<u>プライベートプレビュー</u>は、すべてのユーザーにリリースされます。下線を正しく修正してください。

A. 変更不要

B. パブリックプレビュー

C. ベータテスト

D. 一般提供開始（GA）

第 5 章　Azure の料金プランおよびサポート

解説

　Microsoft Azure の新しい機能やサービスをいち早く公開し、ユーザーの意見を収集することを「プレビュー」と呼びます。まず、一部のユーザーを対象としたプライベートプレビューが行われ、次にすべてのユーザーを対象としたパブリックプレビューが行われます。よって、**B** が正解です。なお、その後は、一般提供開始（GA）となります。

[答] B

Q11 プレビューと一般提供開始（GA）について、各特徴が正しい場合は「はい」、正しくない場合は「いいえ」を選択してください。

特 徴	はい	いいえ
プライベートプレビューは、一部のユーザーのみに提供される	○	○
パブリックプレビューは、Azure CLI のみで操作できる	○	○
一般提供開始（GA）は、パブリックプレビューより安価に提供される	○	○

解説

　表の内容について、1 つずつ順に見ていきます。

- プライベートプレビューは、一部のユーザーのみに提供されます。
- パブリックプレビューは、Azure CLI のみではなく、Azure ポータルや Azure PowerShell からも操作できます。
- パブリックプレビューは、プレビュー価格で提供されるため、一般提供開始（GA）の標準価格よりも安価に提供されます。

よって、正解は［答］欄の表のとおりです。

［答］

特 徴	はい	いいえ
プライベートプレビューは、一部のユーザーのみに提供される	●	○
パブリックプレビューは、Azure CLI のみで操作できる	○	●
一般提供開始（GA）は、パブリックプレビューより安価に提供される	○	●

第6章

模擬試験

　Microsoft 認定試験の合格への近道は、自分で練習や経験を重ねること、つまり「習うより慣れろ」です。本章では、実際の試験問題に近い形の模擬試験問題を掲載しています。試験前の総まとめとして、是非チャレンジしてください。

第 6 章　模擬試験

6.1 模擬試験問題

Q1 オンプレミスの環境を Azure へ移行する際には、資本コスト（CAPEX）を考える必要がある。この文章は正しいですか？

A. はい

B. いいえ

Q2 あなたの会社では、オンプレミスの環境をすべて Azure へ移行する予定です。移行後に、不要となる管理タスクを 2 つ選択してください。

A. サーバーのハードウェアをメンテナンスする

B. アプリケーションのデータをバックアップする

C. サーバールームへの入退出を管理する

D. アプリケーションのセキュリティ対策を行う

Q3 あなたの会社では、100 台の仮想マシンと 100 個のストレージアカウントを新規作成する必要があります。この作業を自動的に行う Azure のソリューションを 1 つ選択してください。

A. ARM テンプレート

B. 仮想マシンスケールセット

C. 可用性セット

D. 可用性ゾーン

136

Q4 あなたの会社では、複数の Azure 仮想マシンに対して、同じアクセス許可を割り当てる予定です。できる限り簡単にアクセス許可を割り当てるための準備を 1 つ選択してください。

A. 仮想マシンを同じ管理グループに追加する

B. 仮想マシンを同じリソースグループに追加する

C. 仮想マシンを同じネットワークセキュリティグループに追加する

D. 仮想マシンを同じ Azure Active Directory グループに追加する

Q5 あなたの会社では、Azure の 1 つのリージョンに仮想ネットワークが 10 個あり、各仮想ネットワークに、仮想マシンが 5 台ずつあります。すべての仮想マシンは、同じ役割の Web サーバーとして使用しています。ネットワークトラフィックを制限するには、最小でいくつのネットワークセキュリティグループを作成する必要がありますか？

A. 1

B. 5

C. 10

D. 50

Q6 あなたの会社では、初めて Azure を利用する予定です。最初に作成すべきものは何ですか？

A. 仮想ネットワーク

B. 仮想マシン

C. リソースグループ

D. サブスクリプション

第 6 章　模擬試験

Q7　あなたの会社では、Azure 仮想マシンを Web サーバーとして使用しています。Web サーバーにある大きなサイズのビデオファイルは世界中からアクセスされていますが、パフォーマンスに問題があります。パフォーマンスを向上させる適切なソリューションを 1 つ選択してください。

A. Azure HDInsight

B. Azure Databricks

C. Azure Cache for Redis

D. Azure CDN

Q8　あなたの会社では、アプリケーションでサービスレベル契約（SLA）が異なる次の 2 つの Azure サービスを使用しています。

・SLA が 99.99% の Azure SQL データベース
・SLA が 99.9% の単一インスタンスの仮想マシン

この場合、アプリケーションの複合 SLA はいくつですか？

A. 0.09%

B. 99.89%

C. 99.9%

D. 99.99%

Q9　あなたの会社では、Azure BLOB ストレージを使用して、契約書データを安全に保存する予定です。データの保存に関して次の条件を満たしている必要があります。

・ほとんどアクセスされることはない
・できる限り安価に保存したい

最適なアクセス層を 1 つ選択してください。

A. ホット

B. クール

C. アーカイブ

D. どれでも同じ

Q10 あなたの会社では、Azure AD と Azure 仮想マシンを使用しています。現在、インターネットに Web サイトを公開するため、ハッキングなど悪意のある攻撃に対処したいと考えています。最適なソリューションを 2 つ選択してください。

A. Azure DDoS Protection

B. Azure Information Protection

C. Azure AD Identity Protection

D. Azure AD Connect

Q11 あなたの会社では、システムに対する負荷が週末と月末に集中します。クラウドのどの特徴がコスト削減に役立ちますか？最適なものを 1 つ選択してください。

A. 可用性

B. 信頼性

C. 弾力性

D. 低遅延

Q12 従量課金の仮想マシンの月額料金は、<u>常に変わりません。</u>下線を正しく修正してください。

A. 変更不要

B. リージョンによって変わります。

C. 使用時間によって変わります。

D. 仮想マシンのサイズや使用時間、リージョンによって変わります。

第 6 章　模擬試験

Q13 ハイブリッドクラウドについて、適切な説明を 1 つ選択してください。

    A. 複数のクラウドを組み合わせて利用する

    B. 社内データセンターとクラウドを組み合わせて利用する

    C. Windows と Linux の両方の OS を利用する

    D. 最初はプライベートクラウドから作成する

Q14 クラウドデータセンターが大量のサーバーを一括導入することで、それらのサーバーをユーザーへ安価に提供できることを何といいますか？ 最適なものを 1 つ選択してください。

    A. 規模の経済

    B. 資本コスト（CAPEX）

    C. 運用コスト（OPEX）

    D. オンデマンドセルフサービス

Q15 ユーザーに物理的に近いデータセンターを利用することで、得られるメリットは何ですか？最適なものを 1 つ選択してください。

    A. 弾力性

    B. 高可用性

    C. 低遅延（低レイテンシー）

    D. 高パフォーマンス

Q16 あなたの会社では、予測分析のために Azure Machine Learning を利用する予定です。分析の手続きで使用する Web ベースのコンソールとして適切なものを 1 つ選択してください。

    A. Azure Cognitive Services

    B. Azure Bot Service

6.1 模擬試験問題

C. Azure Cognitive Search

D. Azure Machine Learning Studio

Q17 可用性セットの作成時に指定可能な障害ドメインと更新ドメインの最大値は、それぞれいくつですか？

障害ドメイン	
更新ドメイン	

A. 2

B. 3

C. 10

D. 20

Q18 各仮想マシンの SLA について、適切な値を選択してください。

Premium SSD を使用した単一の仮想マシン	
可用性セットに含まれる 2 つ以上の仮想マシン群	
2 つ以上の可用性ゾーンを使用する仮想マシン群	

A. 99%

B. 99.9%

C. 99.95%

D. 99.99%

Q19 Azure Blueprints は、Azure のリソースの作成、管理、アクセス制御を行い、Azure 環境全体の一貫性を提供します。下線を正しく修正してください。

A. 変更不要

B. Azure ポリシー

（選択肢は次ページに続きます。）

141

第 6 章　模擬試験

C. Azure 管理グループ

D. Azure Resource Manager

Q20 リソースグループの取り扱いについて、適切なものを 2 つ選択してください。

A. リージョンの異なるリソースを 1 つのリソースグループに追加する

B. 仮想マシンとストレージアカウントのリソースを 1 つのリソースグループに追加する

C. リソースグループに別のリソースグループを追加する

D. 1 つのリソースを複数のリソースグループに追加する

Q21 あなたの会社では、多くのリソースの使用用途が不明となっています。そのため、リソースごとにわかりやすい情報を付加したいと考えています。
解決策：タグを使用する
この解決策は要件を満たしていますか？

A. はい

B. いいえ

Q22 あなたの会社では、テストユーザーに対して、仮想マシンを使用したアプリケーションのデバッグを依頼しています。できる限り、簡単に仮想マシンを作成し、テストが不要となったらすぐに仮想マシンを削除したいと考えています。適切なソリューションを 1 つ選択してください。

A. 仮想マシンスケールセット

B. 可用性ゾーン

C. 可用性セット

D. Azure DevTest Labs

6.1 模擬試験問題

Q23 あなたはオンプレミスネットワークと Azure 仮想ネットワークをインターネット VPN で接続するつもりです。適切な順番に手順を並べ替えてください。

手順 1	
手順 2	
手順 3	オンプレミスネットワークに VPN デバイスを導入する
手順 4	
手順 5	

A. 接続を作成する

B. ローカルネットワークゲートウェイを作成する

C. 仮想ネットワークゲートウェイを作成する

D. ゲートウェイサブネットを作成する

Q24 あなたの会社では、Azure Files で共有フォルダを作成しました。この共有フォルダにアクセスできるコンピューターはどれですか？ 最適なものを 1 つ選択してください。

A. Windows コンピューター

B. Linux コンピューター

C. macOS コンピューター

D. 上記のすべてのコンピューター

Q25 Azure Storage について、各特徴が正しい場合は「はい」、正しくない場合は「いいえ」を選択してください。

特　徴	は い	いいえ
最初にストレージアカウントを作成する	○	○
1 つのストレージアカウントの最大サイズは 200TB である	○	○
1 つのデータの最大サイズは無制限である	○	○

143

第 6 章　模擬試験

Q26 Azure ポリシーを使用して制限可能なものを 2 つ選択してください。

A. ストレージの作成時、リソースの場所として特定のリージョンのみを許可する

B. 仮想マシンの開始と停止のみを許可する

C. サブスクリプションのキャンセルを許可する

D. 仮想マシンの作成時、ディスクの種類として SSD のみを許可する

Q27 あなたの会社では自動的に、保存済みの Word 文書をスキャンし、「新製品」というキーワードが含まれていた場合、暗号化し、「社外秘」という透かし文字を入れたいと考えています。

解決策：Azure AD Identity Protection を導入する

この解決策は要件を満たしていますか？

A. はい

B. いいえ

Q28 あなたは、突然停止した仮想マシンについて、障害の原因を究明するためにサービス正常性を確認するつもりです。サービス正常性は、Azure ポータルのどのメニューからアクセスできますか？適切なメニューを 2 つ選択してください。

A. Azure Log Analytics

B. Azure モニター

C. アクティビティログ

D. ヘルプとサポート

Q29 あなたの会社では、Azure でシステムを運用するにあたり、Azure のコンプライアンス認証を確認したいと考えています。

解決策：トラストセンターで確認する

144

この解決策は要件を満たしていますか？

A. はい

B. いいえ

Q30 <u>BASIC</u> サポートプランで、Azure の課金に関するサポートを受けること
ができます。下線を正しく修正してください。

A. 変更不要

B. DEVELOPER

C. STANDARD

D. PROFESSIONAL DIRECT

Q31 パブリックプレビューについて、各特徴が正しい場合は「はい」、正しく
ない場合は「いいえ」を選択してください。

特 徴	は い	いいえ
秘密保持契約 (NDA) が必要である	○	○
Azure ポータルから利用できる	○	○
一般提供開始 (GA) より安価に利用できる	○	○

Q32 Azure のサービスレベル契約 (SLA) で保証されているものは何ですか？
最適なものを 1 つ選択してください。

A. 可用性

B. 信頼性

C. 弾力性

D. 低遅延

第 6 章　模擬試験

Q33 あなたは、MSDN の Azure フォーラムを使用して、技術的な質問をしたいと考えています。事前にどの Azure サポートプランへの加入が必要ですか？最適なものを 1 つ選択してください。

A. DEVELOPER

B. STANDARD

C. PROFESSIONAL DIRECT

D. Azure サポートプランは必要ない

Q34 あなたの会社では、サブスクリプション A の仮想マシンのリソースをサブスクリプション B へ移動させる予定です。適切な準備作業を 1 つ選択してください。

A. 仮想マシンを停止する

B. 仮想マシンを一時停止する

C. 仮想マシンをバックアップする

D. 何も必要ない

Q35 あなたの会社では、先週、何者かによって仮想マシンが無断で停止されました。誰が停止したかを突き止める必要があります。
解決策：アクティビティログを確認する
この解決策は要件を満たしていますか？

A. はい

B. いいえ

Q36 Azure Advisor で提供されるベストプラクティスの分野として適切なものを 2 つ選択してください。

A. コスト

B. カスタマイズ

146

6.1 模擬試験問題

C. セキュリティ

D. 操作ヒント

Q37 認証とは、自分が誰であるかを証明する手続きです。下線を正しく修正してください。

A. 変更不要

B. 承認

C. 同期

D. 多要素認証

Q38 あなたは、Azure で発生した問題を解決するためにサポートリクエストを作成しようと考えています。サポートリクエストを作成するにはどうすればよいですか？最適なものを 1 つ選択してください。

A. Azure ポータルの「ヘルプとサポート」にアクセスする

B. トラストセンターにアクセスする

C. Web ブ ラ ウ ザ か ら https://azure.microsoft.com/resources/knowledge-center/ にアクセスする

D. Web ブラウザから https://support.microsoft.com にアクセスする

Q39 あなたの会社では、契約書データを BLOB ストレージに格納する予定ですが、コストはできる限り抑えたいと考えています。ただし、リージョンに大規模災害があっても契約書のデータが失われないように、保護する必要があります。Azure Storage の冗長性オプションとして適切なものを 1 つ選択してください。

A. ローカル冗長

B. ゾーン冗長

C. geo 冗長

D. 読み取りアクセス geo 冗長

147

第 6 章　模擬試験

Q40 あなたの会社では、リージョンの異なる仮想ネットワーク間を接続したシステムを構築することを計画しています。最適なソリューションを 1 つ選択してください。

A. ピアリング
B. グローバルピアリング
C. サイト間 VPN
D. Azure ExpressRoute

Q41 試用版サブスクリプションは、ユーザーが 1 回のみ取得できます。下線を正しく修正してください。

A. 変更不要
B. ユーザーが複数回
C. 企業が 1 回のみ
D. 企業が複数回

Q42 あなたは、Azure ポリシーを使用して、サブスクリプションで使用できるリージョンを東日本リージョンのみに制限しました。しかし、すでに仮想マシンを東アジアリージョンに作成済みです。この仮想マシンはどうなりますか？適切なものを 1 つ選択してください。

A. 仮想マシンのリージョンが自動的に東日本リージョンに変更される
B. 仮想マシンは停止する
C. 仮想マシンは削除される
D. 仮想マシンは引き続き使用できる

Q43 あなたの会社では、20TB のデータを格納し、低頻度でデータの分析や可視化を行いたいと考えています。最適なソリューションを決定します。
解決策：Azure SQL Database にデータを格納する

148

この解決策は要件を満たしていますか？

A. はい

B. いいえ

Q44 あなたは、Windows コンピューターに Azure CLI をインストールしました。あなたは、Azure CLI のコマンドをテストしたいと考えています。
解決策：Azure PowerShell プロンプトで、Azure CLI コマンドを実行する
この解決策は要件を満たしていますか？

A. はい

B. いいえ

第 6 章　模擬試験

6.2 模擬試験問題の解答と解説

Q1

　オンプレミスの環境を Azure などのクラウドへ移行すると、設備投資などの資本コスト（CAPEX）は不要になりますが、使用量に応じて課金が発生するので運用コスト（OPEX）が必要となります。つまり、考えるべきことは運用コスト（OPEX）なので、この文章は誤りです。よって、**B** が正解です。

[答] B

Q2

　Azure などのクラウドでは、データセンター内の物理的なサーバーの管理は不要です。つまり、サーバーのハードウェアのメンテナンスやサーバールームへの入退出の管理タスクは不要となります。よって、**A** と **C** が正解です。なお、B や D のようなアプリケーションの管理は引き続き必要となります。

[答] A、C

Q3

　ARM テンプレートを使用すれば、仮想マシンやストレージアカウントなどのリソースを自動的に作成することができます。よって、**A** が正解です。

- **B.** 仮想マシンスケールセットは、負荷分散が行われる複数の仮想マシンを自動的に作成します。
- **C.** 可用性セットは、複数の仮想マシンをそれぞれ異なるサーバーやラックに配置します。

150

6.2 模擬試験問題の解答と解説

D. 可用性ゾーンは、複数の仮想マシンをそれぞれ異なるゾーン（データセンターを地理的に分割したグループ）に配置します。

[答] A

Q4

リソースグループにアクセス許可を割り当てることで、リソースグループ内のすべてのリソースにアクセス許可を継承することができます。よって、**B** が正解です。

[答] B

Q5

ネットワークセキュリティグループは、仮想マシンなどの Azure リソースに割り当てるファイアウォール機能です。ネットワークセキュリティグループはリージョン内で再利用できるため、同じ役割のサーバーであれば、同じネットワークセキュリティグループを使用できます。よって、**A** が正解です。

[答] A

Q6

初めて Azure を利用する際は、サブスクリプションを作成する必要があります。サブスクリプションとは、Azure の契約のことです。サブスクリプションがなければ、Azure の操作はできません。よって、**D** が正解です。

[答] D

Q7

Web コンテンツをワールドワイドでキャッシュするサービスとして、Azure CDN が提供されています。ビデオファイルを Azure CDN でキャッシュすることで、世界中からのアクセスのパフォーマンスを向上させることができます。よって、**D** が正解です。

151

第 6 章　模擬試験

A. Azure HDInsight は、オープンソースのデータ分析ソリューションです。

B. Azure Databricks は、Azure Spark ベースのデータ分析ソリューションです。

C. Azure Cache for Redis は、インメモリデータストアです。たとえば、データベースのキャッシュとして使用します。

[答] D

Q8

SLA が異なる 2 つの Azure サービスによるアプリケーションの複合 SLA は、両方の SLA の積（掛け算）となります。よって、今回の場合、99.99% × 99.9%=99.89% となり、**B** が正解です。

[答] B

Q9

Azure BLOB ストレージには、データの種類に応じてホット、クール、アーカイブの 3 種類のアクセス層があり、適切なアクセス層を選択することで、コスト効率の高い方法を用いてデータを格納できます。アーカイブは、ほとんどアクセスされないデータの格納に最適化されており、かつ最も安価です。よって、**C** が正解です。

A. ホットは、頻繁にアクセスするデータの格納に最適化されています。

B. クールは、アクセス頻度の低いデータの格納に最適化されています。

D. ホット、クール、アーカイブにはそれぞれ特徴があり、どれでも同じというわけではありません。

[答] C

Q10

Azure DDoS Protection は、Web サイトを DDoS（分散型サービス拒否）攻撃から保護します。また、Azure AD Identity Protection は、Azure AD に対する攻撃から保護します。どちらもインターネットからの悪意のある攻撃に対処するソリューションです。よって、**A** と **C** が正解です。

152

B. Azure Information Protection は、Office ドキュメントや電子メールの漏えいを防止するサービスです。

D. Azure AD Connect は、社内にある Active Directory Domain Services（AD DS）と Azure AD のディレクトリ（ユーザーやグループ）を同期するサービスです。

[答] A、C

Q11

クラウドの特徴の1つである「弾力性」により、ニーズ（負荷）に合わせて、システムをスケールアップまたはスケールダウンできるので、必要に応じたコストを支払うだけで済みます。よって、**C** が正解です。

[答] C

Q12

従量課金の仮想マシンの月額料金は、常に均一というわけではありません。仮想マシンのサイズ（CPU 数やメモリサイズなど）や使用時間、リージョンによって変わります。よって、**D** が正解です。

[答] D

Q13

ハイブリッドクラウドは、社内データセンターとクラウドを組み合わせた使用方法です。よって、**B** が正解です。なお、A の「複数のクラウドを組み合わせて利用する」ことで両方のクラウドのメリットを享受する環境は、「マルチクラウド」と呼ばれています。

[答] B

第 6 章　模擬試験

Q14

製品の生産量が増えれば増えるほど、その製品の生産の単価が下がることを「規模の経済」といいます。クラウドでは、クラウドサービスプロバイダーが多くのサーバーを一括導入することで、サーバーを安価に購入し、ユーザーの利用単価（利用料金）を下げることを指します。よって、**A** が正解です。

[答] A

Q15

データを要求してから、そのデータを受け取るまでの時間を遅延（レイテンシー）といいます。応答が早い場合は、低遅延（低レイテンシー）、応答が遅い場合は、高遅延（高レイテンシー）となります。ユーザーとデータセンターの物理的な距離が近ければ、遅延も小さくなります。よって、**C** が正解です。

[答] C

Q16

Azure Machine Learning は、予測分析を行うサービスです。Web ブラウザベースの Azure Machine Learning Studio を使用すると、コードを書く必要なく、専門の技術者ではなくても予測分析を行うことができます。よって、**D** が正解です。

A. Azure Cognitive Services は、視覚、音声、言語、知識、検索の各分野において、あらかじめ学習済みの環境を利用し、インテリジェントな AI アプリケーションを簡単に構築するサービスです。

B. Azure Bot Service は、アプリケーションにデジタルオンラインアシスタントを追加するサービスです。

C. Azure Cognitive Search は、AI を活用したクラウド検索サービスです。

[答] D

154

6.2 模擬試験問題の解答と解説

Q17

可用性セットでは、仮想マシンを配置するラックの数（障害ドメイン）とサーバーの数（更新ドメイン）を指定します。一部のリージョンを除き、障害ドメインの最大値は3、更新ドメインの最大値は20です。よって、正解は［答］欄の表のとおりです。

［答］

障害ドメイン	B. 3
更新ドメイン	D. 20

Q18

Azure の SLA（サービスレベル契約）は、稼働時間の保証です。仮想マシンの SLA は、仮想マシン環境によって変化します。たとえば、Premium SSD を使用した単一の仮想マシンの場合は 99.9%、可用性セットに含まれる2つ以上の仮想マシン群の場合は 99.95%、2つ以上の可用性ゾーンを使用する仮想マシン群の場合は 99.99% となります。よって、正解は［答］欄の表のとおりです。

［答］

Premium SSD を使用した単一の仮想マシン	B. 99.9%
可用性セットに含まれる2つ以上の仮想マシン群	C. 99.95%
2つ以上の可用性ゾーンを使用する仮想マシン群	D. 99.99%

Q19

リソースの作成、管理、アクセス制御を行い、Azure 環境全体の一貫性を提供するのは、Azure Resource Manager の特長です。よって、**D** が正解です。Azure Blueprints は、組織のコンプライアンスに準拠した Azure ポリシーや RBAC（ロールベースのアクセスコントロール）を迅速に割り当てる機能です。

［答］D

第 6 章　模擬試験

Q20

Azure Resource Manager の機能の 1 つであるリソースグループは、リソースをまとめるためのグループです。リソースグループには以下の特徴があります。よって、**A** と **B** が正解です。

・リージョンの異なるリソースをまとめることができます。
・種類の異なるリソースをまとめることができます。
・リソースグループをまとめることはできません。
・1 つのリソースを複数のリソースグループに追加することはできません。

[答] A、B

Q21

タグを使用すると、リソースにさまざまな情報を付加することができます。リソースに「本番環境用」や「評価環境用」などの使用用途をタグとして付加しておくと便利です。よって、**A** が正解です。

[答] A

Q22

Azure DevTest Labs を使えば、仮想マシンをベースとしたテスト環境を簡単かつ高速に構築できます。また、テスト環境が不要となった場合、まとめて削除することが可能です。よって、**D** が正解です。

A. 仮想マシンスケールセットは、負荷分散が行われる複数の仮想マシンを自動的に作成します。
B. 可用性ゾーンは、複数の仮想マシンをそれぞれ異なるゾーン（データセンターを地理的に分割したグループ）に配置します。
C. 可用性セットは、複数の仮想マシンをそれぞれ異なるサーバーやラックに配置します。

[答] D

156

6.2 模擬試験問題の解答と解説

Q23

オンプレミスネットワークと仮想ネットワークをインターネット VPN で接続するサイト間接続には、以下の手順が必要です。

手順1：仮想ネットワークにゲートウェイサブネットを作成します。なお、このサブネットは仮想ネットワークゲートウェイ専用であり、仮想マシンを接続することはできません。

手順2：ゲートウェイサブネットに仮想ネットワークゲートウェイを作成します。仮想ネットワークゲートウェイは、ソフトウェアベースの VPN 装置です。

手順3：オンプレミスネットワークに VPN デバイスを導入します。VPN デバイスはハードウェアベースまたはソフトウェアベースの VPN 装置ですが、Azure に対応したものが必要です。

手順4：Azure のリソースとして、ローカルネットワークゲートウェイを作成します。ローカルネットワークゲートウェイには、VPN デバイスの IP アドレスなどの情報を設定します。

手順5：接続を作成します。接続は、Azure のリソースである仮想ネットワークゲートウェイとローカルネットワークゲートウェイを接続します。

よって、正解は［答］欄の表のとおりです。

［答］

手順 1	D. ゲートウェイサブネットを作成する
手順 2	C. 仮想ネットワークゲートウェイを作成する
手順 3	オンプレミスネットワークに VPN デバイスを導入する
手順 4	B. ローカルネットワークゲートウェイを作成する
手順 5	A. 接続を作成する

Q24

Azure Files は、Azure Storage が提供する共有フォルダストレージです。この共有フォルダには、Windows の標準のファイル共有プロトコルである SMB（Server Message Block）を使用しますが、現在、SMB は Windows だけでなく、Linux や macOS でもサポートされているため、**D** が正解です。

［答］D

157

第6章　模擬試験

Q25

Azure Storage は、多目的なストレージサービスです。Azure Storage を使用するには、最初にストレージアカウントを作成します。また、1つのストレージアカウントの最大サイズは500TBであり、1つのデータの最大サイズは無制限となっています。よって、正解は［答］欄の表のとおりです。

［答］

特　徴	は　い	いいえ
最初にストレージアカウントを作成する	●	○
1つのストレージアカウントの最大サイズは 200TB である	○	●
1つのデータの最大サイズは無制限である	●	○

Q26

Azure ポリシーを使用することで、サブスクリプションやリソースグループに、標準を強制し、コンプライアンスを強化します。Azure ポリシーでは、リソースの作成時のプロパティを制限します。A の「リソースの場所」と D の「ディスクの種類」は、どちらもリソースのプロパティであるため、制限できます。よって、**A** と **D** が正解です。

［答］A、D

Q27

Word 文書をスキャンし、その中のキーワードに応じて、自動的に暗号化を行い、透かし文字を入れるには、Azure Information Protection を導入します。よって、**B** が正解です。なお、問題文中の Azure AD Identity Protection は、Azure AD に対する疑わしい操作を検出し、警告するサービスです。

［答］B

Q28

サービス正常性を調査することで、障害の原因が Azure 側にあるのかユーザー

158

6.2 模擬試験問題の解答と解説

側にあるのかを確認することができます。サービス正常性は、Azure ポータルの
Azure モニターまたは「ヘルプとサポート」からアクセス可能です。よって、**B** と **D**
が正解です。

A. Azure Log Analytics は、Azure や他のクラウド、社内データセンターに対応
   した分析監視サービスです。
C. アクティビティログは、Azure での管理操作を記録したものです。

[答] B、D

Q29

トラストセンター（https://www.microsoft.com/trust-center）は、マイクロソフト
社のセキュリティとコンプライアンスの取り組みに関するポータルサイトです。ト
ラストセンターでは、Azure が取得済みのコンプライアンス認証の一覧を確認する
こともできます。よって、**A** が正解です。

[答] A

Q30

Azure の BASIC サポートプランは、無償のサポートプランであり、技術的なサ
ポートを受けることはできませんが、課金に関するサポートを受けることはできま
す。よって、**A** が正解です。

[答] A

Q31

パブリックプレビューとは、Azure の新しいサービスや機能をすべてのユーザー
に利用してもらい、評価してもらうことです。よって、秘密保持契約は不要で、
Azure ポータルから誰でも利用できます。また、一般提供開始（GA）よりも安価で
利用できることがあります。よって、正解は [答] 欄の表のとおりです。

159

第 6 章　模擬試験

[答]

特　徴	は い	いいえ
秘密保持契約 (NDA) が必要である	○	●
Azure ポータルから利用できる	●	○
一般提供開始 (GA) より安価に利用できる	●	○

Q32

　Azure のサービスレベル契約 (SLA) では、各サービスの可用性を保証していま
す。よって、**A** が正解です。

[答] A

Q33

　MSDN の Azure フォーラムは、マイクロソフト社のエンジニアや Azure コミュ
ニティのエキスパートが回答する無料の掲示板であり、誰でも利用できます。よっ
て、**D** が正解です。

　A. DEVELOPER では、開発環境やテスト環境 (非運用環境) の技術的なサポート
　　を受けることができます。
　B. STANDARD では、運用環境の技術的なサポートを受けることができます。
　C. PROFESSIONAL DIRECT では、STANDARD と同様の技術サポートに加え
　　て、ベストプラクティスにもとづいた設計やオペレーションのサポート、Web
　　セミナーによるトレーニングなどの付加サービスが利用できます。

[答] D

Q34

　Azure では、サブスクリプション間でリソースを移動することができます。ただ
し、一部のリソースは移動できないので注意が必要です (仮想マシンなど一般的な
リソースは移動できます)。なお、移動において特別な準備作業は不要です。よって、
D が正解です。

[答] D

160

6.2　模擬試験問題の解答と解説

Q35

アクティビティログは、Azure の操作ログであり、サブスクリプション内で行われた操作と、その操作を行ったユーザーや時間などが記録されています。アクティビティログは、過去 90 日分のログを保有しているので、先週のログを確認することができます。よって、**A** が正解です。

［答］A

Q36

Azure Advisor は、ユーザーの構成と使用状況を分析し、推奨事項を提供するサービスです。現在、Azure Advisor では、パフォーマンス、可用性、セキュリティ、コストを向上させるための提案を行っています。よって、**A** と **C** が正解です。

［答］A、C

Q37

認証とは、自分が誰であるかを証明する手続きのことです。よって、**A** が正解です。なお、B の「承認」とは、自分は何ができるかを確認する手続きのことです。

［答］A

Q38

ユーザーは、Azure で発生した問題をマイクロソフト社に解決してもらうため、サポートリクエストを作成します。サポートリクエストは、Azure ポータルの「ヘルプとサポート」から新しく作成することができます。よって、**A** が正解です。

B. トラストセンターは、マイクロソフト社のセキュリティとコンプライアンスの取り組みに関するポータルサイトです。

C. Knowledge Center（https://azure.microsoft.com/resources/knowledge-center/）は、マイクロソフト社の一般的な製品に関する質問とその回答が紹介されているサイトです。

161

第6章　模擬試験

D. Microsoft サポート（https://support.microsoft.com）は、マイクロソフト社の製品に関するヘルプサイトです。

[答] A

Q39

リージョン障害に備えて、他のリージョンにデータを複製するには、BLOB ストレージの冗長オプションを geo 冗長にします。geo 冗長では、ローカルのリージョンに3重、リモートのリージョンにさらに3重という、合計6重の複製を行います。読み取りアクセス geo 冗長も同様に6重の複製を行いますが、この設問では読み取りアクセスの要件はなく、若干高価であるため、コストを抑えたい場合は geo 冗長のほうが最適です。よって、**C** が正解です。

A. ローカル冗長は、リージョン内のデータセンターに、データを3重に複製します。

B. ゾーン冗長は、可用性ゾーンを意識したリージョン内のデータセンターに、データを3重に複製します。

D. 読み取りアクセス geo 冗長は、基本的には geo 冗長と同じですが、複製先のリージョンのデータに読み取り専用でアクセスできます。

[答] C

Q40

仮想ネットワーク同士を接続し、両方の仮想ネットワークの仮想マシンが通信できるようにするには、ピアリングを行います。特に、異なるリージョンの仮想ネットワークを接続するには、グローバルピアリングを行います。よって、**B** が正解です。

A. ピアリングとは、前述のように、同じリージョン内の仮想ネットワークと別の仮想ネットワークを接続することです。

C. サイト間 VPN とは、仮想ネットワークと社内ネットワーク（オンプレミスネットワーク）を接続することです。

D. Azure ExpressRoute は、仮想ネットワークとオンプレミスネットワークを専用線で接続する Azure サービスです。

6.2 模擬試験問題の解答と解説

［答］B

Q41

Azure を無償で利用できる試用版サブスクリプションは、初めて Azure を利用するユーザーを対象に提供されています。試用版サブスクリプションは、ユーザーごとに 1 回のみ取得できます。よって、**A** が正解です。

［答］A

Q42

Azure ポリシーにより、リソースのプロパティを制限し、会社のコンプライアンスに適合させることができます。なお、Azure ポリシーの割り当て前に作成したリソースについては、その制限を受けません。よって、この設問の場合、仮想マシンは引き続き使用できるので **D** が正解です。

［答］D

Q43

アクセス頻度が低く、かつ大容量のデータを格納するには、データベースの Azure SQL Database ではなくデータウェアハウスの Azure SQL Data Warehouse が最適です。よって、**B** が正解です。なお、データに SNS ログや音声、動画などの非構造化データが含まれている場合は、データレイクの Azure Data Lake も有効です。

［答］B

Q44

Azure CLI は、az コマンドによって、Azure リソースを操作するコマンドラインツールです。Windows の場合、Azure CLI は、コマンドプロンプトと PowerShell プロンプトのどちらからでも実行できます。よって、**A** が正解です。

［答］A

163

索引

A

AI ソリューション......................................62
Application Security Groups (ASG) 83
ARM テンプレート.....................................44
AZ-900：Microsoft Azure
Fundamentals...11
Azure Active Directory (Azure AD) 86
Azure AD Connect....................................87
Azure AD Identity Protection 91
Azure Advisor 69
Azure Blueprints.......................................96
Azure Bot Service 63
Azure Cache for Redis 60
Azure CDN..60
Azure China... 105
Azure CLI..67
Azure Cloud Shell....................................68
Azure Cognitive Search 63
Azure Cognitive Services.......................62
Azure Cosmos DB 59
Azure Data Lake 61
Azure Databricks 62
Azure DDoS Protection 84
Azure DevTest Labs.................................50
Azure ExpressRoute.................................54
Azure Files 56
Azure Firewall...83
Azure Functions 65
Azure Germany 104
Azure Global.. 104
Azure Government.................................. 104
Azure HDInsight.......................................61
Azure Information Protection (AIP) 92
Azure IoT..63
Azure IoT Central.....................................64
Azure IoT Edge..64
Azure IoT Hub 64
Azure IoT ソリューションアクセラレータ
....64
Azure Key Vault 90

Azure Log Analytics 101
Azure Logic Apps......................................65
Azure Machine Learning.........................62
Azure Marketplace 47
Azure PowerShell 67
Azure Resource Manager (ARM)...........43
Azure Search...63
Azure Security Center 89
Azure SQL Data Warehouse...................61
Azure SQL Database 32, 58
Azure Storage....................................55, 57
Azure Web Apps 32
Azure アーキテクチャコンポーネント 42
Azure アカウント 114
Azure 仮想マシン 32
Azure 管理ツール 66
Azure コスト管理 119
Azure サービス正常性..............................99
Azure サブスクリプション...................... 114
Azure ポータル 66
Azure ポリシー 94
Azure マルチファクタ認証.........................88
Azure モニター 98

B

BASIC... 121
BLOB..56

C

CAPEX 29

D

DEVELOPER... 122

G

GA 127

I

IaaS 32
IoT ソリューション 63

165

M

Microsoft Azure 10, 20, 25
Microsoft Azure の認定資格 10
Microsoft Learn 19
Microsoft 認証ダッシュボード 16

N

NoSQL データベース 58

O

OPEX 29

P

PaaS 32
PREMIER 122
PROFESSIONAL DIRECT 122

S

SaaS 32
SLA 124
SQL データベース 58
STANDARD 122

V

VPN ゲートウェイ 53

あ行

アクティビティログ 98
暗号化 80
一般提供開始 127
運用コスト 29
オンプレミス 24
オンプレミスネットワーク 52

か行

仮想化ホスト 46
仮想ネットワーク 51
仮想ネットワークゲートウェイ 53
仮想マシン 46
仮想マシンスケールセット 50
稼働率 49
可用性 30
可用性セット 48
可用性ゾーン 49
監視 98

キャッシュソリューション 60

キャッシュソリューション 60
クラウド 24
クラウドコンピューティング 24
クラウドサービスプロバイダー 24
グローバルピアリング 52
コンピュートサービス 46
コンプライアンス認証 103

さ行

サーバーレスコンピューティング 64
サーバーレスコンピューティング
ソリューション 64
サービス管理者 115
サービスライフサイクル 126
サービスレベル契約 124
サイト間接続 52
サブネット 80
サポートプラン 121
サポートリクエスト 121
自動スケーリング 50
資本コスト 29
従量課金制 118
承認 85
シングルサインオン 86
スケーラビリティ 30
ステートフルファイアウォール 82
ストレージアカウント 56
ストレージサービス 55
セキュリティトークン 86

た行

タグ 44
多要素認証 88
弾力性 30
データウェアハウス 61
データセンター 43
データベースサービス 58
データレイクソリューション 61
トラストセンター 103

な行

認証 85
ネットワークサービス 51
ネットワークセキュリティグループ
(NSG) 81

は行

ハイパーバイザー 46
ハイブリッドクラウド 27
パブリッククラウド 26
パブリックプレビュー 126
ピアリング 51
ビッグデータ分析ソリューション 61
フォールトトレランス 30
プライベートクラウド 27
プライベートプレビュー 126

ま行

無料試用版サブスクリプション 115

ら行

リージョン 42
リソース 42
リソースグループ 43
リハイドレート 57
ローカルネットワークゲートウェイ 53
ロールベースのアクセスコントロール
(RBAC) 93
ロック 44, 96

【著者プロフィール】

吉田 薫 (よしだ かおる)

NECマネジメントパートナー株式会社 人材開発サービス事業部
シニアテクニカルエバンジェリスト

日本電気（NEC）に入社後、教育部へ配属される。オフコン、OS/2、NetWareなどの製品トレーニングを担当し、現在はNECマネジメントパートナーおよび日本マイクロソフトにてクラウド技術のトレーニングを担当している。
日本におけるマイクロソフト認定トレーナーの第一期生であり、20年以上のマイクロソフト製品トレーニングのキャリアを有する。高い技術力が認められ、米国マイクロソフトより、17年連続でMicrosoft MVPを受賞している。この他、『すべてわかる仮想化大全』（日経BP）など書籍や雑誌とWebを介して技術原稿を多く寄稿している。
〔保有資格〕
Microsoft Certified：Azure Fundamentals
Microsoft Certified：Azure Administrator Associate
Microsoft Certified：Azure Solutions Architect Expert
AWS Certified Solutions Architect - Associate
AWS Certified Solutions Architect - Professional

合格対策 Microsoft認定
ＡＺ-900：Microsoft Azure Fundamentals テキスト＆問題集 ©吉田 薫 2020

2020年3月11日 第1版第1刷発行	著 者	吉田 薫
2020年11月25日 第1版第3刷発行	発 行 人	新関 卓哉
	企画担当	蒲生 達佳
	編集担当	古川美知子、塩澤 明
	発 行 所	株式会社リックテレコム
		〒113-0034
		東京都文京区湯島3-7-7
		振替 00160-0-133646
		電話 03（3834）8380（営業）
		03（3834）8427（編集）
		URL http://www.ric.co.jp/
本書の無断複写、複製、転載、	装 丁	長久雅行
ファイル化等は、著作権法で	組 版	株式会社トップスタジオ
定める例外を除き禁じられて います。	印刷・製本	シナノ印刷株式会社

● 訂正等
　本書の記載内容には万全を期しておりますが、万一誤りや情報内容の変更が生じた場合には、当社ホームページの正誤表サイトに掲載しますので、下記よりご確認下さい。
　＊正誤表サイトURL 　http://www.ric.co.jp/book/seigo_list.html
● 本書の内容に関するお問い合わせ
　本書の内容等についてのお尋ねは、下記の「読者お問い合わせサイト」にて受け付けております。また、回答に万全を期すため、電話によるご質問にはお答えできませんのでご了承下さい。
　＊読者お問い合わせサイトURL 　http://www.ric.co.jp/book-q
● その他のお問い合わせは、弊社サイト「BOOKS」のトップページ http://www.ric.co.jp/book/index.html 内の左側にある「問い合わせ先」リンク、またはFAX：03-3834-8043にて承ります。
● 乱丁・落丁本はお取り替え致します。

ISBN 978-4-86594-231-6